Felix Marschall

Entwicklung eines Röntgenmikroskops für Photonenenergien von 15 keV bis 30 keV

Schriften des Instituts für Mikrostrukturtechnik
am Karlsruher Institut für Technologie (KIT)
Band 26

Hrsg. Institut für Mikrostrukturtechnik

Eine Übersicht aller bisher in dieser Schriftenreihe
erschienenen Bände finden Sie am Ende des Buchs.

Entwicklung eines Röntgenmikroskops für Photonenenergien von 15 keV bis 30 keV

von
Felix Marschall

Dissertation, Karlsruher Institut für Technologie (KIT)
Fakultät für Maschinenbau

Tag der mündlichen Prüfung: 30. Juli 2014
Hauptreferent: Prof. Dr. Volker Saile
Korreferent: Prof. Dr. Jens Gobrecht

Impressum

Scientific
Publishing

Karlsruher Institut für Technologie (KIT)
KIT Scientific Publishing
Straße am Forum 2
D-76131 Karlsruhe

KIT Scientific Publishing is a registered trademark of Karlsruhe
Institute of Technology. Reprint using the book cover is not allowed.

www.ksp.kit.edu

Print on Demand 2014

ISSN 1869-5183
ISBN 978-3-7315-0263-0
DOI 10.5445/KSP/1000043064

Entwicklung eines Röntgenmikroskops für Photonenenergien von 15 keV bis 30 keV

Zur Erlangung des akademischen Grades
Doktor der Ingenieurswissenschaften
der Fakultät für Maschinenbau am
Karlsruher Institut für Technologie (KIT)

genehmigte **Dissertation** von

Felix Marschall

Tag der mündlichen Prüfung: 30. Juli 2014
Hauptreferent: Prof. Dr. Volker Saile
Korreferent: Prof. Dr. Jens Gobrecht

Kurzfassung

Röntgenstrahlung wird in vielen Forschungsbereichen als Analysewerkzeug eingesetzt. Durch die Verwendung abbildender Linsen kann dabei unabhängig von den Quelleigenschaften eine hohe Auflösung erreicht werden. Dies wird auch in der Röntgenvollfeldmikroskopie genutzt, wo neben einer hohen Auflösung eine homogene Bildqualität über das gesamte Bildfeld wichtig ist.

Das im Rahmen dieser Arbeit konzipierte Röntgenmikroskop basiert auf refraktiven Linsen. Diese weisen verglichen mit anderen Optiken oberhalb von etwa 15 keV vorteilhafte Eigenschaften auf. Zur Beleuchtung wird eine Rolllinse verwendet, mit der eine ausgedehnte Fläche homogen aus verschiedenen Richtungen beleuchtet werden kann. Als Objektivlinse kommt eine Röntgenlinse zum Einsatz, deren bikonkave Linsenelemente parabelförmige Oberflächen aufweisen. Bei 30 keV ist mit einer solchen Linse mit 100 mm Brennweite eine theoretische Auflösung von 60 nm möglich. Durch ein neu entwickeltes Verfahren zur Anpassung der Aperturen der einzelnen Linsenelemente an den Strahlengang im Mikroskop, lässt sich die Homogenität der Abbildungseigenschaften über das gesamte Bildfeld verbessern.

In Experimenten an PETRA III und ESRF ist mit einem solchen Mikroskop bei 17,4 keV und 30 keV eine Auflösung von 200 nm über ein Bildfeld von 80 µm × 80 µm nachgewiesen worden. Anschließend ist die Funktionsfähigkeit des Mikroskops in ersten Anwendungen demonstriert worden. Bei einer Reduktion der Vibrationen im Systemaufbau ist eine weitere Verbesserung der Auflösung zu erwarten.

Abstract

In many research areas X-rays are used for analysis. By using imaging lenses a high resolution is achievable independent of the source properties. This is used in X-ray full field microscopy, where besides a high resolution a homogeneous image quality over the entire field of view is important.

The X-ray microscope designed within this work is based on refractive lenses, which show beneficial characteristics for photon energies above $15\,keV$ compared to other optics. For illumination, a rolled X-ray prism lens is used. With such lenses a large area can be illuminated homogencously from diffcrent directions. An X-ray lens, which consists of biconcave lens elements with parabolic shaped surfaces, is used as an objective lens. With such a lens with $100\,mm$ focal length a theoretical resolution of $60\,nm$ is achievable at $30\,keV$. Due to a new developed method for the adaption of the apertures of the single lens elements to the ray path in the microscope, the homogeneity of the image quality can be improved for the entire field of view.

In Experiments at PETRA III and ESRF, a resolution of $200\,nm$ for a field of view of $80\,\mu m \times 80\,\mu m$ has been verified with this microscope at $17.4\,keV$ and $30\,keV$. Afterwards the operational capability of the microscope has been demonstrated in the first applications. A reduction of vibrations in the setup is expected to lead to a further increase of the resolution.

Danksagung

Mein Dank gilt Prof. Dr. Volker Saile für die Übernahme des Hauptreferats. Ich danke ihm für die hilfreichen Diskussionen und dafür, dass Doktoranden in seinem vollen Terminkalender stets einen bevorzugten Platz erhalten.

Prof. Dr. Jens Gobrecht danke ich herzlich für die Übernahme des Korreferats.

Für ihre vielfältige und engagierte Unterstützung während meiner Zeit am IMT danke ich Dr. Arndt Last und Dr. Markus Simon. Ohne die vielen, fruchtbaren Diskussionen mit beiden wäre diese Arbeit in der vorliegenden Form nicht möglich gewesen. Ich danke beiden für das konstruktive Hinterfragen neuer Ideen und deren Umsetzbarkeit sowie für die kritische Auseinandersetzung mit Ergebnissen und Texten.

Dr. Jürgen Mohr danke ich für die Unterstützung bei der Projektorganisation, für viele wegweisende Diskussionen sowie die konstruktiv kritische Prüfung von Schriftstücken und Vorträgen.

Den Mitarbeitern der Röntgenoptikgruppe danke ich für ihre Unterstützung bei der Umsetzung neuer Ideen und der Durchführung exzessiver Messzeiten an verschiedenen Strahlrohren.

Allen Mitarbeitern des Instituts für Mikrostrukturtechnik danke ich für ihre Hilfe bei der Linsenherstellung und bei organisatorischen Fragen. Hervorheben möchte ich hier das hohe Engagement des Reinraumteams, dank dessen viele Linsen in Rekordzeit gefertigt worden und pünktlich zur nächsten Messzeit einsatzbereit gewesen sind. Ich danke für die vielfältigen Anleitungen bei Laborarbeiten sowie die Bereitschaft viele neue Ideen auszuprobieren. Besonderer Dank gebührt auch den Mitarbeitern der Institutswerkstatt, die mit großer Geduld den Herstellungsprozess der Strahlblenden optimiert haben. An dieser Stelle möchte ich auch Dr. Martin Boerner danken, der mir bei vielen fertigungstechnischen Fragestellungen geholfen und mich manchmal bis spät in die Nacht bei der Linsenstrukturierung an den LIGA-Strahlrohren unterstützt hat.

Imke Greving und Malte Ogurreck vom Helmholz Zentrum Geestacht danke ich für ihre Unterstützung bei den Experimenten sowie das Ermöglichen weiterer Messzeiten. Tobias Schulli und Jan Hilhorst danke ich für ihr Interesse an den Linsen und die Möglichkeit, die Linsen an ESRF untersuchen zu können. Weiterhin danke ich allen Mitarbeitern des virtuellen Instituts (VI-NRMM) und der Karlsruher Nano Micro Facility (KNMF) sowie den Mitarbeitern von ANKA, DESY und ESRF, die direkt oder indirekt zur Entstehung dieser Arbeit beigetragen haben.

Nicole Steidle danke ich für das angenehme und freundschaftliche Büroklima, das ein produktives Arbeiten gefördert hat. Ganz herzlich danke ich Eugen Müller für die sprachliche Korrektur meiner Dissertation.

Meinen Eltern danke ich dafür, dass ich von Beginn an meine Kreativität frei entfalten und viele Dinge habe ausprobieren können. Ich danke ihnen für ihre Akzeptanz und ihre Unterstützung bei all meinen Entscheidungen.

Nicht zuletzt danke ich Julia Wagner für ihre Unterstützung beim Erstellen meiner „großen Hausaufgabe". Sie hat mir in zähen Phasen neuen Mut gemacht und für Sonnenschein gesorgt.

Karlsruhe, im Mai 2014 *Felix Marschall*

Inhaltsverzeichnis

1 Einleitung

In vielen wissenschaftlichen Bereichen wird Röntgenstrahlung als Analysewerkzeug immer wichtiger. Durch die hohe Eindringtiefe kann damit das Innere vieler Materialien untersucht werden, die für sichtbares Licht undurchsichtig sind. Dies eröffnet ein breites Anwendungsspektrum naturwissenschaftlicher und technischer Fragestellungen.

Die kurze Wellenlänge von Röntgenstrahlung ermöglicht potenziell eine hohe Auflösung. So kann bereits mit einem einfachen Schattenwurf eine gute Auflösung erzielt werden, was auch in vielen Verfahren ausgenutzt wird. Dabei ist die Auflösung jedoch immer von den Quelleigenschaften abhängig. Durch den Einsatz abbildender Optiken kann unabhängig von der Quelle eine hohe Auflösung erreicht werden. Aufgrund der kleinen numerischen Apertur von Röntgenoptiken ist diese allerdings bisher nicht ganz so hoch, wie dies die kurze Wellenlänge vermuten ließe.

Beim Aufbau von Mikroskopen gibt es grundsätzlich zwei Möglichkeiten: Vollfeldmikroskope, bei denen das gesamte Bild durch eine Abbildung auf einmal entsteht, und rasternde Verfahren, bei denen das Bild Punkt für Punkt aufgebaut wird. Mit Rastermikroskopen ist eine höhere Auflösung möglich, da diese nur für den im Augenblick untersuchten Probenpunkt optimiert werden müssen. Vollfeldmikroskope zeichnen sich im Gegensatz dazu durch eine kürzere Aufnahmezeit aus. Dies ermöglicht einerseits einen schnelleren Überblick über die Probe und bietet andererseits einen Vorteil bei der Untersuchung dynamischer Prozesse. Weiterhin ist bei Vollfeldmikroskopen die maximale Photonendichte in der Probe niedriger, da das Röntgenlicht über das gesamte Bildfeld verteilt und nicht auf einen Probenpunkt konzentriert wird. Dadurch können mit einem Vollfeldmikroskop auch Proben untersucht werden, die keine hohe Photonendichte vertragen.

Rasternde Röntgenmikroskope, bei denen vor allem Zonenplatten [18, 42] und Spiegel [8] zur Fokussierung verwendet werden, sind über einen weiten Photonenenergiebereich verfügbar. Zonenplatten werden bei niedrigen Photonenenergien auch in Vollfeldmikroskopen [5, 9] eingesetzt, die auch kommerziell vertrieben werden[1]. Die Absorberstrukturen von Zonenplatten werden jedoch mit steigender Photonenenergie zunehmend transparent, wodurch die Effizienz von Zonenplatten sinkt. Diese Optiken sind daher nicht besonders gut zum Aufbau eines Vollfeldmikroskops oberhalb von ungefähr 15 keV geeignet.

Die Entwicklung eines Röntgenmikroskops für Photonenenergien oberhalb von 15 keV erweitert den Bereich des elektromagnetischen Spektrums, für den Vollfeldmikroskope verfügbar sind. Für viele Analysemethoden, wie beispielsweise die Untersuchung der elementaren Zusammensetzung anhand von Absorptionskanten, ergeben sich dadurch neue Möglichkeiten. Weiterhin können mit der höheren Photonenenergie auch dickere Proben und Materialien mit schwereren Elementen untersucht werden, als dies mit auf Zonenplatten basierenden Mikroskopen möglich ist.

Seit der Entwicklung refraktiver Röntgenlinsen [39, 43] sind auch Röntgenvollfeldmikroskope für höhere Photonenenergien technisch realisierbar. Die meisten bisher aufgebauten Systeme mit refraktiven Linsen nutzen Aluminium [24, 34] oder Beryllium [4, 23] als Linsenmaterial. Diese Linsen werden durch Prägen von Metallfolien gefertigt. Durch dieses Fertigungsverfahren ist die weitere Miniaturisierung der Linsen schwierig. Um trotz der damit verbundenen langen Brennweite eine ausreichende röntgenoptische Vergrößerung zu erreichen, ist ein Mikroskopaufbau von bis zu 25 m Länge notwendig. Gleichzeitig verhindert Streuung an Fremdato-

---

[1] Carl Zeiss AG, Oberkochen: `http://www.xradia.com`

men, die sich an den Korngrenzen im Linsenmaterial ablagern, dass die theoretisch mögliche Auflösung erreicht werden kann [36].

Die am KIT/IMT[2] gefertigten Röntgenlinsen aus dem Polymer mr-L[3] haben keine Korngrenzen. Zudem ist durch die röntgentiefenlithographische Strukturierung eine Miniaturisierung und damit eine kurze Brennweite möglich. Dazu gab es 2009 einen ersten erfolgversprechenden Ansatz bei 15 keV [32].

Im Rahmen dieser Arbeit ist ebenfalls mr-L als Linsenmaterial gewählt worden, da sich dieses Material in seiner derzeitigen Zusammensetzung gut für Röntgenlinsen im Photonenenergiebereich von 15 keV bis 30 keV eignet. Ziel der Arbeit ist die Auslegung eines Röntgenvollfeldmikroskops für diesen Photonenenergiebereich gewesen. Dabei hat der Schwerpunkt auf dem Herausarbeiten des grundlegenden Vorgehens bei der Mikroskopkonzeption und dem Linsendesign gelegen. Als Beispiel ist hier ein Mikroskop konzipiert worden, das eine Auflösung unter 100 nm über ein Bildfeld von $100\,\mu m \times 100\,\mu m$ im Photonenenergiebereich von 15 keV bis 30 keV ermöglicht und dabei eine Baulänge von 4 m nicht überschreitet.

In der vorliegenden Arbeit wird nach einer Beschreibung der Grundlagen die Auslegung eines Vollfeldmikroskops für den gewünschten Photonenenergiebereich beschrieben. Dabei steht die Auswahl der Optiken und der notwendigen Vergrößerung im Vordergrund. Anschließend wird das Design der Objektivlinse beschrieben, die das kritischste Bauteil des Mikroskops darstellt. Hierbei liegt der Fokus auf der Optimierung der Objektivlinse durch eine Anpassung der Aperturen an den jeweiligen Anwendungsfall. Im Anschluss wird ein geeignetes Beleuchtungsschema herausgearbeitet. Danach wird die Herstellung der Röntgenlinsen erklärt und die Integration der Linsen ins Gesamtsystem beschrieben. Am Ende werden die experimentellen Ergebnisse vorgestellt, anhand derer das Mikroskop und seine Linsen charakterisiert worden sind.

---

[2] Karlsruher Institut für Technologie / Institut für Mikrostrukturtechnik
[3] micro resist technologiy GmbH, Berlin

2 Grundlagen

Bei einer Abbildung wird ein von einem Objektpunkt ausgehendes Strahlenbündel durch ein optisches System entweder in einem reellen Bildpunkt vereinigt oder in ein divergentes Strahlenbündel überführt, das von einem virtuellen Bildpunkt auszugehen scheint [12]. Um bei einer Abbildung eine hohe Auflösung zu erreichen, muss Licht eines möglichst großen Winkelbereichs eingefangen werden. Verschiedene optische Systeme nutzen zum Einfangen und Fokussieren eines Strahlenbündels unterschiedliche Wechselwirkungen elektromagnetischer Wellen mit Materie aus.

Als Röntgenstrahlen werden elektromagnetische Wellen im Wellenlängenbereich zwischen ultravioletter Strahlung und Gammastrahlung bezeichnet. In der Röntgenoptik wird meist die Photonenenergie E zur Beschreibung der genutzten elektromagnetischen Strahlung verwendet. Diese kann mit der Gleichung [2]

$$E = \frac{c_0 h}{\lambda} \tag{2.1}$$

aus der Wellenlänge des Lichts λ, dem Planckschen Wirkungsquantum h und der Lichtgeschwindigkeit im Vakuum c_0 berechnet werden.

2.1 Wechselwirkungen von Röntgenstrahlung mit Materie

Durchläuft Röntgenlicht Materie, so wird ein Photon auf atomarer Ebene entweder absorbiert oder gestreut. Bei vielen Anwendungen, wie beispielsweise bei der Berechnung von Linsen, ist es jedoch zweckmäßiger, Materie als Kontinuum zu betrachten und die Wechselwirkungen phänomenologisch in Brechung, Reflexion und Beugung einzuteilen [2, 13].

Die röntgenoptischen Eigenschaften von Materialien werden durch die von der Wellenlänge abhängigen komplexen Brechzahl $n^* = 1 - \delta - i\beta$ beschrieben, wobei δ als Brechzahldekrement und β als Extinktionskoeffizient bezeichnet wird [2]. Mit dem Realteil der komplexen Brechzahl $n = \Re(n^*) = 1 - \delta$ wird über das Snelliussche Gesetz [13]

$$n_i \sin \theta_i = n_t \sin \theta_t \tag{2.2}$$

die Brechung an Oberflächen beschrieben. Dabei wird der Winkel des einfallenden Strahls zur Oberflächennormalen mit θ_i und der Winkel des transmittierten Strahls zur Oberflächennormalen mit θ_t bezeichnet. Der Imaginärteil der komplexen Brechzahl $\beta = \Im(n^*)$ geht über den linearen Schwächungskoeffizienten $\mu = \frac{4\pi\beta}{\lambda}$ in das Lambert-Beersche Gesetz [2]

$$I_1 = I_0 \mathrm{e}^{-\mu l} \tag{2.3}$$

ein, welches die Änderung der Intensität I durch Absorption in Abhängigkeit der Länge l des durchlaufenen Materials beschreibt.

Eine Besonderheit von Röntgenstrahlung ist, dass die Brechzahl aller Materialien kleiner eins ist [2]. Die Brechzahl des Materials einer Röntgenlinse ist also kleiner als die der Luft oder des Vakuums. Demzufolge sind Sammellinsen für Röntgenstrahlung nicht bikonvex sondern bikonkav. Außerdem findet Totalreflexion, die beim Übergang zu einem Medium mit kleinerer Brechzahl auftreten kann, nicht innerhalb sondern außerhalb eines Objekts statt und wird deshalb als externe Totalreflexion bezeichnet. Der Grenzwinkel γ_{Grenz} zwischen einfallendem Strahl und Oberfläche, bei dessen Unterschreiten externe Totalreflexion auftritt kann nach [2]

$$\gamma_{\mathrm{Grenz}} = \sqrt{2\delta} \tag{2.4}$$

berechnet werden.

Objekte im Wellenfeld stören die geradlinige Ausbreitung des Lichts indem sie die Phase oder Amplitude eines Teils der Wellenfront ändern. Hinter einem Objekt interferieren die verschiedenen Anteile der Wellenfront, wodurch eine charakteristische Intensitätsverteilung entsteht [12, 13]. Dieses als Beugung bezeichnete Phänomen begrenzt in der Mikroskopie die erreichbare Auflösung, was in Kapitel 2.3 beschrieben ist. Durch spezielle Strukturen kann Beugung aber auch genutzt werden, um Licht bewusst zu lenken, wie dies beispielsweise bei diffraktiven Zonenplatten der Fall ist (siehe Kapitel 2.2). Eine ausführlichere Darstellung der Zusammenhänge findet sich in der Fachliteratur [2, 6, 13, 44].

2.2 Röntgenoptiken

Röntgenoptiken lassen sich entsprechend des dominierenden optischen Phänomens unter anderem in refraktive, diffraktive und reflektierende Optiken unterteilen.

Refraktive Linsen nutzen die Brechung des Lichts an Oberflächen. Durch geeignete Wahl der Oberflächengeometrie lassen sich die optischen Eigenschaften einer Linse festlegen. Dies wird in den Kapiteln 2.2.1 und 2.2.2 genauer beschrieben.

Diffraktive Zonenplatten bestehen beispielsweise aus absorbierenden konzentrischen Ringen deren Abstand und Breite nach außen abnimmt. Mit einer solchen Struktur wird Beugung gezielt genutzt, um eine Fokussierung des Röntgenlichts zu erreichen [2, 3]. Jedoch sinkt mit steigender Photonenenergie tendenziell die Absorption der Röntgenstrahlung in Materie. Diffraktive Zonenplatten werden deshalb mit steigender Photonenenergie zunehmend transparent. Strukturen mit einer für eine ausreichende Absorption notwendigen Strukturhöhe sind schwierig zu fertigen. Daraus resultiert eine geringere Effizienz von Zonenplatten bei höheren Photonenenergien [10]. Im Gegensatz dazu wirkt sich die mit steigender Photonenenergie abnehmende Absorption günstig auf die Effizienz von brechenden Linsen aus.

Diese sind deshalb bei Photonenenergien oberhalb von ungefähr 15 keV in der Vollfeldmikroskopie zu bevorzugen.

Reflektierende Röntgenoptiken nutzen entweder die externe Totalreflexion oder die Beugung an Kristallen oder Vielschichtsystemen. Die damit verbundenen meist kleinen Winkel zwischen Strahl und Oberfläche bewirken jedoch, dass wesentlich mehr Streulicht entsteht als bei refraktiven Linsen mit gleicher Oberflächenrauheit. Außerdem wirkt sich eine ungenaue Ausrichtung bei Spiegeln stärker auf die optischen Eigenschaften aus [41]. Bei der Verwendung im Mikroskop kommt erschwerend hinzu, dass die meisten Spiegelsysteme keine guten Abbildungseigenschaften aufweisen. Um eine aberrationsarme Abbildung zu erreichen, muss unter anderem die Abbesche Sinusbedingung [1] erfüllt sein. Dazu sind bei Reflexionsoptiken in jeder Raumebene, die durch den Strahl aufgespannt wird, eine gerade Anzahl von Reflexionen notwendig. Dies ist jedoch nur bei wenigen Spiegeloptiken der Fall; ein Beispiel sind Wolter-Optiken [48], die in Röntgenteleskopen eingesetzt werden [7]. Um Astigmatismus oder unterschiedliche Vergrößerungsmaßstäbe in horizontaler und vertikaler Richtung zu vermeiden, müssen Spiegeloptiken zudem rotationssymmetrisch sein, was mit einer aufwändigen Fertigung verbunden ist.

Im Rahmen dieser Arbeit sind daher refraktive Linsen zum Einsatz gekommen, die im hier relevanten Photonenenergiebereich im Vergleich zu anderen Optiken vorteilhafte Eigenschaften aufweisen. Eine ausführlichere Beschreibung der verschiedenen Optiktypen und deren Einsatzgebieten ist in der Literatur [9, 21, 40] zu finden.

2.2.1 Refraktive Röntgenlinsen mit parabelförmigen Linsenelementen

Wie bereits erwähnt sind Sammellinsen für Röntgenstrahlung bikonkav, da die Brechzahl aller Materialien kleiner eins ist. Das Brechzahldekrement gängiger Linsenmaterialien liegt für die hier relevanten Photonenenergien von 15 keV bis 30 keV zwischen 10^{-5} und 10^{-7} [14, 15]. Wegen dieses geringen Brechzahlhubs sind viele stark gekrümmte, brechende Oberflächen notwendig, um eine in der Praxis sinnvolle Brennweite zu erreichen. Eine abbildende Linse mit bikonkaven, parabelförmigen Linsenelementen ist in Abbildung 2.1 schematisch dargestellt und wird im Folgenden als Paraballinse bezeichnet.

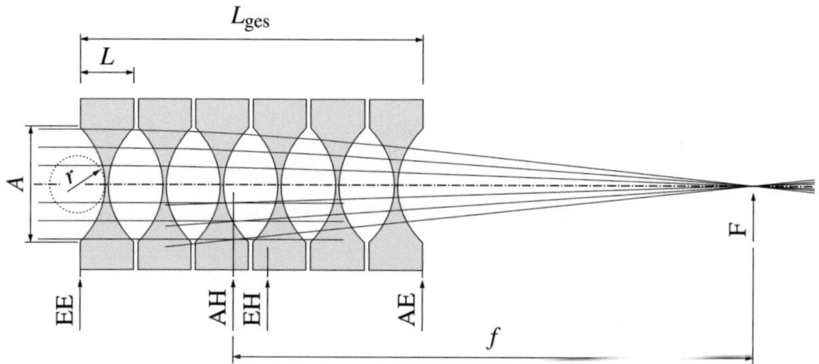

Abb. 2.1: Schematische Darstellung einer Parabollinse mit Strahlengang bei parallel zur optischen Achse einfallendem Röntgenlicht in der oberen Hälfte und der Konstruktion der ausgangsseitigen Hauptebene in der unteren Hälfte: EE – Eingangsebene, AH – ausgangsseitige Hauptebene, EH – eingangsseitige Hauptebene, AE – Ausgangsebene, F – ausgangsseitiger Brennpunkt, f – ausgangsseitige Brennweite, A – Apertur, r – Radius im Scheitelpunkt der Parabel, L – Länge eines Linsenelements, L_{ges} – Gesamtlänge der Linse

In Abbildung 2.1 ist neben der Parabollinse auch der Strahlengang für parallel zur optischen Achse einfallendes Röntgenlicht dargestellt. Die senkrecht zur optischen Achse stehende Ebene, in der sich die Verlängerung eines einfallenden Parallelstrahls mit der Verlängerung des dazugehörigen ausgangsseitigen Brennpunktstrahls schneidet, wird als ausgangsseitige Hauptebene bezeichnet. Der Schnittpunkt der Verlängerung des eingangsseitigen Brennpunktstrahls mit dem dazugehörigen ausgangsseitigen Parallelstrahl liegt in der eingangsseitigen Hauptebene [45]. Im Vergleich zu dicken bikonvexen Sammellinsen für sichtbares Licht ist die Reihenfolge der Hauptebenen bei Sammellinsen für Röntgenlicht vertauscht.

Der Abstand der ausgangsseitigen Hauptebene zum ausgangsseitigen Brennpunkt wird als ausgangsseitige Brennweite bezeichnet, der Abstand von eingangsseitiger Hauptebene und eingangsseitigem Brennpunkt entsprechend als eingangsseitige Brennweite [45]. Da die Beträge beider Brennweiten für alle im Rahmen dieser Arbeit untersuchten Linsen nahezu identisch waren, wird im Folgenden nur noch von Brennweite gesprochen.

Die beste Form einer brechenden Oberfläche zur Fokussierung parallel zur optischen Achse einfallender Strahlen auf einen Punkt ist die Parabel, da in diesem Fall alle Strahlen einer ebenen Wellenfront konstruktiv im Fokuspunkt interferieren [2]. Parabeln lassen sich für Strahlen nahe der optischen Achse näherungsweise als Sphäre beschreiben. Dadurch kann die Brennweite $f_{\text{dünn}}$ einzelner oder weniger Linsenelemente mit der Formel für dünne Linsen [2]

$$f_{\text{dünn}} = \frac{r}{2\delta N} \tag{2.5}$$

berechnet werden. Hierbei wird angenommen, dass der Radius r im Parabelgrund und die Apertur A auf beiden Seiten aller bikonkaven Linsenelemente gleich groß ist. Die Brennweite verkürzt sich mit der Anzahl der Linsenelemente N. Die optischen Eigenschaften des Materials werden durch das Brechzahldekrement δ berücksichtigt. Für die Brechzahl des Umgebungsmediums wird der Wert Eins angenommen.

Bei Linsen mit kurzer Brennweite gilt die Näherung für dünne Linsen nicht mehr. Für solche Linsen, deren Brennweite ungefähr der Linsenlänge entspricht, wird die Brennweite f mit der Formel für dicke Linsen [46]

$$f = \frac{r}{2\delta N} + \frac{L_{\text{ges}}}{6} \tag{2.6}$$

berechnet, in der die Gesamtlänge der Linse L_{ges} berücksichtigt wird.

Für viele Anwendungen, wie beispielsweise die Mikroskopie, ist eine kurze Brennweite vorteilhaft. Eine kurze Brennweite kann durch viele brechende Oberflächen mit kleinen Krümmungsradien erreicht werden. Dies führt jedoch in den Außenbereichen, wo die Linsenelemente durch die bikonkave Form besonders dick sind, zu höherer Absorption. Daraus resultiert für die Praxis eine Einschränkung des nutzbaren Linsendurchmessers. Dieser ist definiert als der Durchmesser, bei dem die Transmission entlang einer achsparallelen Linie um den Faktor $1/e^2$ geringer ist als entlang der optischen Achse [9]. Daraus ergibt sich für Parabollinsen eine absorptionsbegrenzte Apertur A_{abs}, die mit der Gleichung

$$A_{\mathrm{abs}} = 2\sqrt{f\frac{\delta}{\mu}} \tag{2.7}$$

aus der Brennweite f, dem Brechzahldekrement δ und dem linearen Schwächungskocffizienten μ berechnet werden kann. Linsen, deren reale Apertur größer ist als die absorptionsbegrenzte Apertur, werden im Folgenden als absorptionsbegrenzte Linsen bezeichnet. Linsen deren reale Apertur kleiner ist, werden als geometrisch begrenzte Linsen bezeichnet.

Für die meisten Anwendungen ist eine möglichst große Apertur vorteilhaft. Aus Gleichung 2.7 wird deutlich, dass mit einem günstigen Verhältnis von Brechkraft zu Absorption eine größere absorptionsbegrenzte Apertur möglich wird. Dieses Verhältnis ist bei leichten Elementen besonders gut, die daher als Linsenmaterialen geeignet sein können [15]. Übliche Linsenmaterialien sind Beryllium, Diamant, Aluminium, Silizium sowie diverse Kunststoffe. Im Rahmen dieser Arbeit wurde der Negativphotolack mr-L für die Objektivlinse und Polyimid für die Kondensorlinse verwendet. Die optischen Eigenschaften von mr-L sind für den hier relevanten Wellenlängenbereich im Anhang A zu finden.

Aufgrund der kleinen Krümmungsradien und der kleinen Aperturen ist die Herstellung von Röntgenlinsen mit üblichen mikromechanischen Verfahren schwierig. Daher kommen auch Mikrofertigungsverfahren, wie beispielsweise die Röntgentiefenlithographie zum Einsatz, mit denen rotationssymmetrische Linsen (siehe Abbildung 2.2 a) nicht hergestellt werden können. Extrusionen von nahezu beliebigen Grundflächen sind mit solchen Verfahren jedoch mit hoher Präzision möglich. Auf diese Weise hergestellte Röntgenlinsen (siehe Abbildung 2.2 b) fokussieren zunächst nur in einer Raumrichtung und erzeugen so nur einen Linienfokus. Durch Kombination von Linsenelementen, deren Extrusionsrichtung um 90° zueinander verdreht ist, lässt sich jedoch eine Linse mit Punktfokus herstellen. Dabei können die Linsenelemente gleicher Orientierung alle direkt hintereinander stehen (siehe Abbildung 2.2 c) oder sich mit den Elementen der anderen Orientierung abwechseln (siehe Abbildung 2.2 d). Die zweite Variante weist deutlich geringere Abbildungsfehler auf (siehe Kapitel 4) und ist daher für Abbildungslinsen zu bevorzugen.

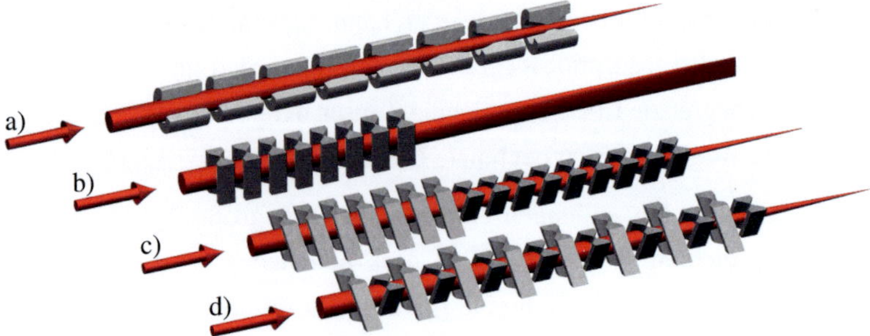

Abb. 2.2: Anordnung der Linsenelemente bei a) einer rotationssymmetrischen Linse, b) einer Linse mit Linienfokus aus extrudierten Linsenelementen und bei Linsen mit Punktfokus aus extrudierten Linsenelementen mit horizontaler und vertikaler Orientierung, die c) blockweise oder d) abwechselnd angeordnet sein können [21]

2.2.2 Refraktive Röntgenlinsen mit nicht parabelförmigen Linsenelementen

Bei der Beleuchtung einer Probe kommt es in den meisten Fällen darauf an, ein genau definiertes Strahlprofil und eine möglichst hohe Photonendichte in der Probenebene zu erzeugen. Eine hohe Photonendichte kann durch eine große Apertur und eine hohe Transmission erreicht werden. Die Transmission einer Röntgenlinse kann beispielsweise durch Einsparen absorbierenden Materials verbessert werden. Hierzu wird bei parabelförmigen Linsenelementen möglichst viel Material entfernt, das nicht zur Brechung beiträgt [37]. Die verbliebenen Strukturen werden anschließend zusammengeschoben, so dass eine fresnelsche Stufenlinse entsteht (siehe Abbildung 2.3). Die Form der einzelnen Segmente gleicht dabei immer dem entsprechenden Ausschnitt des parabelförmigen Linsenelements. An den Stufen treten jedoch Streuung und Reflexion auf, wodurch das Auflösungsvermögen verglichen mit dem einer Parabollinse reduziert ist [9].

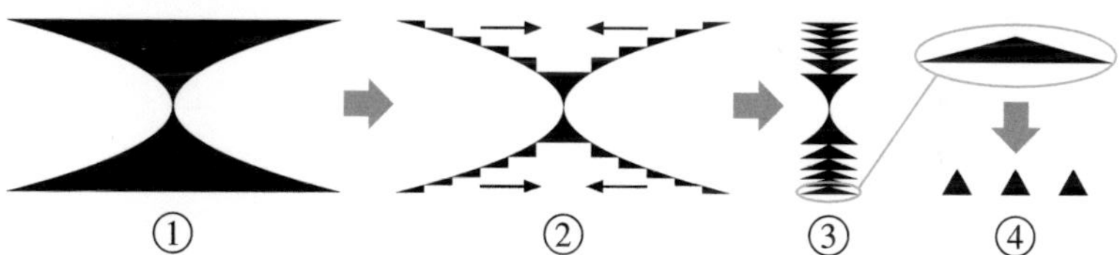

Abb. 2.3: Schematische Darstellung verschiedener Linsentypen [37]: Ausgehend von einer Linsen mit parabelförmigen Oberflächen (1) wird Material entfernt, das nicht zur Brechung beiträgt (2). Das Zusammenschieben der verbliebenen Strukturen führt zu einer fresnelschen Stufenlinse (3). Werden nun die einzelnen Strukturen durch eine Anzahl Prismen mit insgesamt gleicher Brechkraft ersetzt, entsteht eine Prismenlinse (4).

Die äußeren Segmente einer fresnelschen Stufenlinse sind aufgrund ihrer Geometrie schwierig zu fertigen. Die einzelnen Segmente können jedoch durch eine Anzahl gleichseitiger Dreiecke ersetzt werden, die insgesamt die gleiche Brechkraft aufweisen wie das ersetzte Segment [37]. Durch diesen

Schritt gehen die Abbildungseigenschaften der Linse – die im Folgenden als Prismenlinse bezeichnet wird – zwar verloren, dafür bieten sich neben der erhöhten Transmission auch viele Freiheitsgrade, um das Beleuchtungsmuster an die Anwendung anzupassen. Dies ist bei Beleuchtungsoptiken wichtiger als eine Abbildung der Quelle zu erzeugen.

Werden die einzelnen Prismen einer Prismenlinse als Extrusionen dreieckiger Grundflächen gefertigt, ergibt sich zunächst nur eine Linse, die das Röntgenlicht in einer Raumrichtung bündelt. Erst durch die Kombination horizontaler und vertikaler Prismen kann – ähnlich wie bei Parabollinsen – das Röntgenlicht in beiden Raumrichtungen zur Probe gelenkt werden. Da bei Prismenlinsen die Grundfläche der einzelnen Elemente deutlich kleiner ist als bei Parabollinsen, ist ein hohes Aspektverhältnis notwendig, um eine große Apertur zu erreichen. Solche Strukturen sind jedoch schwierig zu fertigen. Das notwendige hohe Aspektverhältnis kann umgangen werden, indem die einzelnen Prismen nicht stehend, sondern liegend als strukturierte Folie gefertigt werden. Wird diese Folie in geeigneter Form zugeschnitten und aufgerollt, erhält man eine nahezu rotationssymmetrische Linse. Eine solche Linse ist in Abbildung 2.4 dargestellt und wird im Folgenden als Rolllinse bezeichnet. Detailliertere Informationen zu den Eigenschaften und zum Herstellungsprozess sind in der Literatur [37, 47] zu finden.

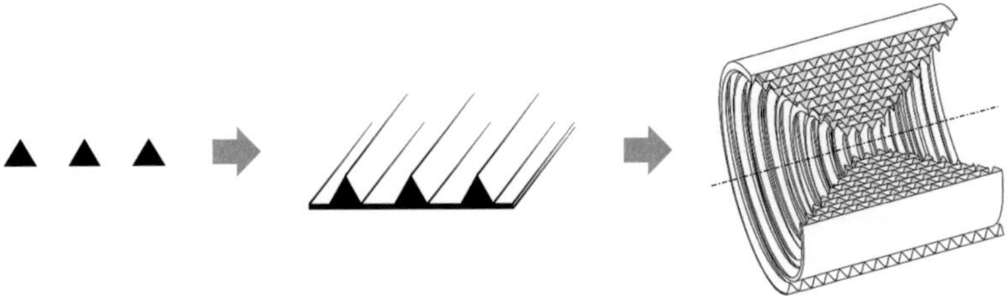

Abb. 2.4: Schematische Darstellung einer Rolllinse mit Ausbruch [37]: Die einzelnen Strukturen einer Prismenlinse werden liegend als strukturierte Folie hergestellt und aufgerollt.

2.3 Auflösung abbildender Optiken

Jeder Punkt eines selbstleuchtenden oder beleuchteten Objektes kann nach dem Huygensschen Prinzip als eine punktförmige Lichtquelle betrachtet werden. Eine abbildende Optik fängt einen Teil des abgestrahlten Strahlenbündels einer solchen Lichtquelle ein und bildet es auf einen Punkt in der Bildebene ab. Werden die Strahlen eines Objektpunktes nicht exakt auf einen Bildpunkt abgebildet, spricht man von Abbildungsfehlern (siehe Abschnitt 2.3.1). Aber auch die Abbildungsqualität einer fehlerfreien Optik ist begrenzt. Dies liegt daran, dass mit einer realen Optik aufgrund ihrer endlichen Größe nur ein Teil des abgestrahlten Strahlenbündels eingefangen werden kann. Dadurch wird die geradlinige Ausbreitung der Wellenfront gestört, die Wellen werden gebeugt. Die Strahlen eines Objektpunktes werden so nicht exakt in einen Punkt, sondern als Streufleck abgebildet. Die Auflösung der resultierenden Abbildung ist beugungsbegrenzt [13].

Entscheidend für das Auflösungsvermögen einer Optik ist ihr objektseitiger Öffnungswinkel α. Bei mikroskopischen Anwendungen, wo die Gegenstandsweite g ungefähr der Brennweite f der Objektivlinse entspricht, kann der Öffnungswinkel α näherungsweise nach

$$\tan\alpha = \frac{A}{f} \tag{2.8}$$

aus der Brennweite f und der Apertur A der Objektivlinse berechnet werden. Bei der Charakterisierung einer Optik wird jedoch meist die numerische Apertur $NA = n_i \sin(\alpha/2)$ verwendet, die aus dem Öffnungswinkel α und dem Brechungsindex n_i des Mediums zwischen Probe und Eingangsapertur berechnet wird.

Das Auflösungsvermögen einer Optik wird anhand des kleinsten Abstands $d_{\min}$ zweier Objektpunkte beschrieben, die in der Abbildung gerade noch unterscheidbar sind und kann für achsparallelen Strahleinfall mit der Gleichung [1]

$$d_{\mathrm{min}} = \frac{\lambda}{NA} \qquad (2.9)$$

aus der Wellenlänge λ und der numerischen Apertur NA berechnet werden.

Zur Auflösung eines Objektdetails muss neben dem Hauptmaximum des Beugungsbildes mindestens ein Teil des ersten Nebenmaximums eingefangen werden. Bei paralleler Beleuchtung kann daher durch schrägen Lichteinfall (siehe Abbildung 2.5 b) eine um bis zu einem Faktor zwei bessere Auflösung erreicht werden als mit senkrechtem Lichteinfall (siehe Abbildung 2.5 a). Deshalb wird in der Mikroskopie in der Regel mit konvergenter Beleuchtung gearbeitet, die schrägen und senkrechten Lichteinfall vereint (siehe Abbildung 2.5 c). Dies wird bei der Berechnung der Auflösung von Mikroskopen $d_{\mathrm{min,Mik}}$ mit der Gleichung [49]

$$d_{\mathrm{min,Mik}} = \frac{\lambda}{NA_{\mathrm{Kondensor}} + NA_{\mathrm{Objektiv}}} = \frac{\lambda}{2NA} \qquad (2.10)$$

durch die numerische Apertur des Kondensors berücksichtigt. Die Terme der numerische Apertur von Kondensor- und Objektivlinse können zusammengefasst werden, da deren Unterschied meist gering ist. Diese Gleichung wird auch als Abbe-Limit bezeichnet und galt lange als absolute Auflösungsgrenze.

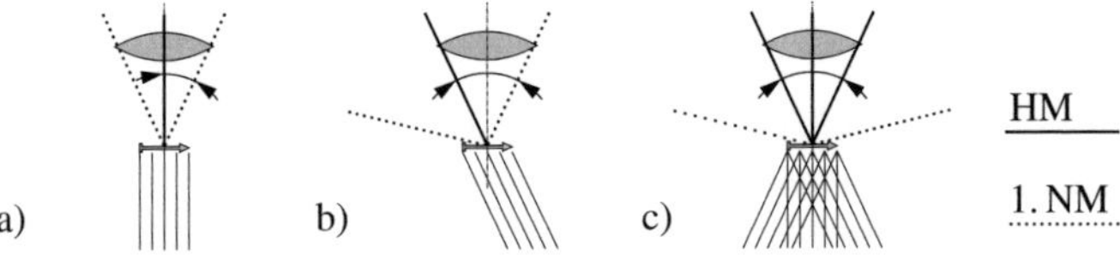

Abb. 2.5: Darstellung verschiedener Beleuchtungsarten und des daraus resultierenden maximalen Winkels zwischen Hauptmaximum (HM) und erstem Nebenmaximum (1. NM) von an Objektdetails gebeugten Strahlen für a) parallele Beleuchtung mit senkrechtem Lichteinfall, b) parallele Beleuchtung mit schrägem Lichteinfall und c) konvergente Beleuchtung

Die Definition der Auflösungsgrenze erfordert ein Kriterium, wann zwei Punkte als von einander unterscheidbar gelten. Am gebräuchlichsten ist das Kriterium nach Rayleigh, wonach zwei Punkte als gerade noch unterscheidbar gelten, wenn das Hauptmaximum des Beugungsbildes des einen Punkts auf das erste Minimum des Beugungsbildes des zweiten fällt. Dies führt bei einer kreisrunden Apertur zu einer Auflösung $d_{\mathrm{min,K}} = 1{,}22\lambda/2NA$. Bei anderen Kriterien, wie beispielsweise nach Sparrow, ändert sich der Vorfaktor. Dort wird außerdem zwischen kohärenter und inkohärenter Beleuchtung unterschieden [31]. In der Röntgenmikroskopie wird bei absorptionsbegrenzten, rotationssymmetrischen, refraktiven Linsen die Auflösung $d_{\mathrm{min,abs}}$ mit der Gleichung [24]

$$d_{\mathrm{min,abs}} = 0{,}75 \frac{\lambda}{2NA_{\mathrm{abs}}} \tag{2.11}$$

aus der Wellenlänge λ und der absorptionsbegrenzten numerischen Apertur $NA_{\mathrm{abs}} = A_{\mathrm{abs}}/2g$ berechnet, in die die Gegenstandsweite g und absorptionsbegrenzte Apertur A_{abs} eingehen.

Bei einer kreisrunden Blendenöffnung mit dem Durchmesser d_B hat das erste Minimum des Beugungsbildes einer Punktquelle auf einem Schirm mit dem Abstand D_S zur Blende den Abstand $1{,}22\lambda d_B/D_S$ zur optischen Achse. Bei einer quadratischen Blendenöffnung mit der Kantenlänge a_B hat das erste Minimum des Beugungsbildes einer Punktquelle den Abstand $\lambda a_B/D_S$ [13]. Da die in dieser Arbeit verwendeten Röntgenlinsen eine quadratische Apertur aufweisen und meist nicht absorptionsbegrenzt sind, wird die theoretische Auflösung, wenn nicht anders angegeben, ausschließlich ohne weitere Vorfaktoren nach Gleichung 2.10 berechnet.

Mit der Schärfentiefe wird ein achsparalleler Bereich im Objektraum bezeichnet, der scharf abgebildet wird. Die Abbildungen der Punkte dieses Bereichs können vom Bildsensor nicht unterschieden werden, da ihr Zerstreukreis kleiner ist als die Auflösungsgrenze. Die Schärfentiefe d_s kann mit der Gleichung [49]

$$d_s = \frac{2n_i\lambda}{NA^2} \tag{2.12}$$

aus der numerischen Apertur NA, der Wellenlänge λ und der Brechzahl n_i des Mediums zwischen Linse und Probe berechnet werden. Für absorptionsbegrenzte Röntgenlinsen wird die Schärfentiefe $d_{s,\mathrm{abs}}$ mit der absorptionsbegrenzten numerischen Apertur NA_abs durch die Gleichung [34]

$$d_{s,\mathrm{abs}} = 0{,}64\frac{\lambda}{NA_\mathrm{abs}^2} \tag{2.13}$$

berechnet.

2.3.1 Abbildungsfehler

Das Auflösungsvermögen einer Optik wird neben Beugungseffekten dadurch begrenzt, dass die Strahlen eines Objektpunktes rein geometrisch nicht exakt auf einen Bildpunkt fokussiert werden.

Als einfache Oberflächenform für brechende Linsen wird oft die Kugel verwendet. Allerdings treffen dann bei parallelem Lichteinfall nur Strahlen nahe der optischen Achse den Brennpunkt. Für achsenferne Strahlen ist der Einfallswinkel nicht optimal, so dass sie nicht in den Brennpunkt fokussiert werden. Somit wird das Bild durch diesen Abbildungsfehler, die sphärische Aberration, unscharf. Der Fehler kann durch asphärische Oberflächen korrigiert werden [13]. Bei refraktiven Röntgenlinsen werden aus diesem Grund parabelförmige Oberflächen verwendet.

Bei asphärischen Linsen hat die Linsenoberfläche aus jedem Blickwinkel eine andere Form. Die Oberfläche einer Linse kann jedoch nur für einen Punkt optimiert werden. Die resultierende Strahlaufweitung für andere Punkte nennt man Koma [13].

Koma könnte durch eine sphärische Oberfläche behoben werden, da in diesem Fall die Linsenoberfläche aus allen Blickwinkeln identisch ist. Allerdings führt diese Lösung wieder zu sphärischer Aberration. Bei Optiken für sichtbares Licht wird dieses Dilemma durch eine Kombination verschiedener Oberflächen und Materialien gelöst [13]. In der Röntgenoptik ist der Winkel zwischen einfallender Strahlung und optischer Achse meist so klein, dass Koma als Abbildungsfehler vernachlässigt werden kann.

Astigmatismus, ein weiterer Abbildungsfehler, resultiert aus einer unterschiedlichen Brennweite in horizontaler und vertikaler Richtung und kann bei nicht vollständig rotationssymmetrischen Linsen auftreten [13]. In der Röntgenoptik ist es je nach gewähltem Material und Fertigungsverfahren schwierig bis unmöglich, rotationssymmetrische Linsen herzustellen. Durch die Kombination von horizontalen und vertikalen Linsenelementen lässt sich jedoch eine Optik mit Punktfokus erreichen. Um bei einer solchen Linse Astigmatismus zu minimieren, ist eine geeignete Kombination und Anordnung der Linsenelemente notwendig (siehe Kapitel 4).

Die Brennweite von Linsen ist abhängig von der Wellenlänge. Deshalb kann polychromatisches Licht nicht exakt auf einen Punkt fokussiert werden. Die resultierende Strahlaufweitung nennt man chromatische Aberration [13]. Für sichtbares Licht lässt sich durch die Verwendung verschiedener Gläser eine Optik für verschiedene Wellenlängen gleichzeitig optimieren. Mit solchen Achromaten kann die Strahlaufweitung reduziert werden. Für Röntgenstrahlung sind noch keine achromatischen Linsen verfügbar. Es muss also mit monochromatischem Röntgenlicht gearbeitet werden, um chromatische Aberrationen zu verhinden. Die resultierende Strahlaufweitung $d_{\Delta E}$ bei nicht vollständig monochromatischem Röntgenlicht kann mit der Gleichung [4]

$$d_{\Delta E} = 2A\frac{\Delta E}{E} \tag{2.14}$$

aus der Apertur A und der Größe des Photonenenergiebereichs $\Delta E/E$ berechnet werden.

Neben den beschriebenen Aberrationen, welche die Schärfe bzw. die Auflösung einer Abbildung reduzieren, gibt es Abbildungsfehler, die die Form des Bildes verändern. Eine Verformung des Bildes senkrecht zur optischen Achse nennt man Verzeichnung. Sie resultiert aus verschiedenen Vergrößerungsmaßstäben für Punkte mit unterschiedlichen Abständen zur optischen Achse. Bei einer Verformung des Bildes parallel zur optischen Achse spricht man von Bildfeldwölbung [13].

Weiterhin sei erwähnt, dass es Aberrationen höherer Ordnung gibt, die jedoch nicht in gleicher Weise klassifiziert sind [11] und auf die im Rahmen dieser Arbeit nicht näher eingegangen wird.

2.4 Aufbau eines Vollfeldmikroskops

Mikroskope dienen der vergrößerten Abbildung kleiner Objekte. Dabei ist jedoch weniger die Größe des Bildes von Interesse, als viel mehr eine hohe Auflösung, mit der kleinere Details sichtbar werden.

Es gibt eine Vielzahl Mikroskope für verschiedene Anwendungsbereiche, die sich in ihren Eigenschaften unterscheiden. Das im Rahmen dieser Arbeit entwickelte Mikroskop lässt sich als Transmissions-Vollfeldmikroskop für Röntgenstrahlung im Wellenlängenbereich von 41 pm bis 82 pm charakterisieren, bei dem zur Informationsgewinnung die ortsabhängigen Absorptionsunterschiede in der Probe genutzt werden. Der prinzipielle Systemaufbau orientiert sich dabei an dem eines einfachen Lichtmikroskops.

Der Vorteil eines Vollfeldmikroskops im Vergleich zu einem Rastermikroskop ist die wesentlich kürzere Aufnahmezeit, da das gesamte Bild auf einmal entsteht. Dagegen ist mit einem Rastermikroskop gleichen Typs, bei dem das Bild Punkt für Punkt aufgebaut wird, tendenziell eine höhere Auflösung möglich, weil die Optik eines solchen Mikroskops nur für einen einzigen Bildpunkt optimiert werden muss.

2.4.1 Vergrößerte Abbildung

Mikroskope bestehen aus einem Beleuchtungs- und einem Abbildungsteil. Eine vergrößerte Abbildung kann jedoch schon mit einer einfachen Sammellinse erreicht werden. Zur Beleuchtung wird in diesem Fall das Umgebungslicht genutzt. Der Strahlengang bei einer vergrößerten Abbildung mit einer Sammellinse für sichtbares Licht ist in Abbildung 2.6 dargestellt. Die Ablenkung der Strahlen durch Brechung ist dort nicht an den Linsenoberflächen, sondern an der Hauptebene eingezeichnet.

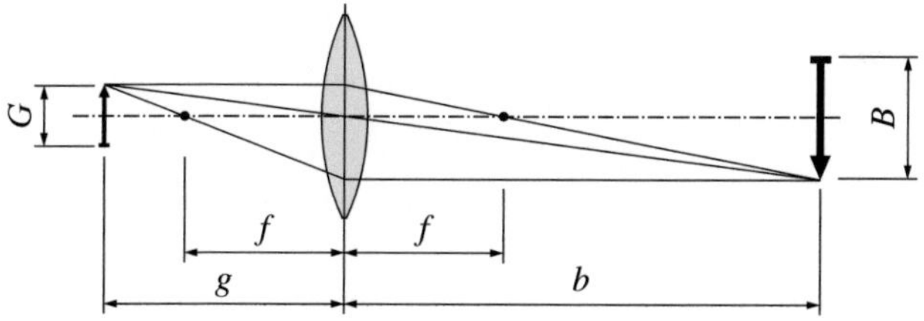

Abb. 2.6: Strahlengang bei einer vergrößerten Abbildung mit einer dünnen Sammellinse: f – Brennweite, g – Gegenstandsweite, b – Bildweite, G – Gegenstandsgröße, B – Bildgröße

Bei einer Abbildung sind die Brennweite f, die Gegenstandsweite g und die Bildweite b über den Zusammenhang [13]

$$\frac{1}{f} = \frac{1}{g} + \frac{1}{b} \tag{2.15}$$

miteinander verknüpft. Es gibt also bei gegebener Brennweite und gegebener Gegenstandweite genau eine Bildposition. Das Verhältnis von Gegenstandsgröße G und Bildgröße B wird als Vergrößerung V der Abbildung bezeichnet, die mit der Gleichung

$$V = \frac{B}{G} = \frac{b}{g} \tag{2.16}$$

berechnet werden kann.

2.4.2 Strahlengang bei der Köhlerschen Beleuchtung

Der grundsätzliche Aufbau von Lichtmikroskopen hat sich seit über hundert Jahren nicht wesentlich verändert und bietet mit der Köhlerschen Beleuchtung [20] alle Einstellmöglichkeiten, die zu einer guten Vollfeldabbildung gebraucht werden [25]. Eine gute Abbildung zeichnet sich durch eine gleichbleibend hohe Auflösung und eine homogene Ausleuchtung über das gesamte Bildfeld aus.

Um dies zu erreichen, bestehen sowohl der Abbildungsteil wie auch der Beleuchtungsteil eines Mikroskops aus einem System aus Linsen und Blenden. Als besonders vorteilhaft für beide Teile hat sich ein zweistufiger Aufbau mit Zwischenbild erwiesen, wie er in Abbildung 2.7 dargestellt ist. Ein solcher Aufbau zeichnet sich dadurch aus, dass jeder Probenpunkt innerhalb des Bildfelds mit identischen Bedingungen beleuchtet und abgebildet wird [25].

Das zweistufige System hat zwei wesentliche Vorteile gegenüber einem einfacheren Aufbau. Zum einen ist bei der Abbildung mit Zwischenbild eine stärkere Vergrößerung auf gleichem Bauraum möglich, da die Vergrößerungsfaktoren von Objektiv und Okular multipliziert werden. Zum anderen finden sich in einem solchen mehrstufigen System mehrere konjugierende Ebenen, die aufeinander abgebildet werden. Diese Ebenen enthalten jeweils ein reales oder virtuelles Zwischenbild der Probe oder der Lichtquelle. Durch einstellbare Blenden lassen sich dort Feldgröße und Öffnungswinkel von Beleuchtungs- und Abbildungsstrahlengang exakt definieren, ohne dass die Blenden mit anderen Komponenten kollidieren. Wichtig ist hierbei, dass die Zwischenbilder von Quelle und Probe nicht an der gleichen Stelle entstehen, damit die Abbildung der Probe nicht mit einer Abbildung der Quelle überlagert wird.

Zur detaillierteren Betrachtung des Strahlengangs wird zwischen Luken- und Pupillenstrahl unterschieden, wobei beide jeweils einen Aspekt des Gesamtsystems beschreiben. Die Namensgebung resultiert aus der Funk-

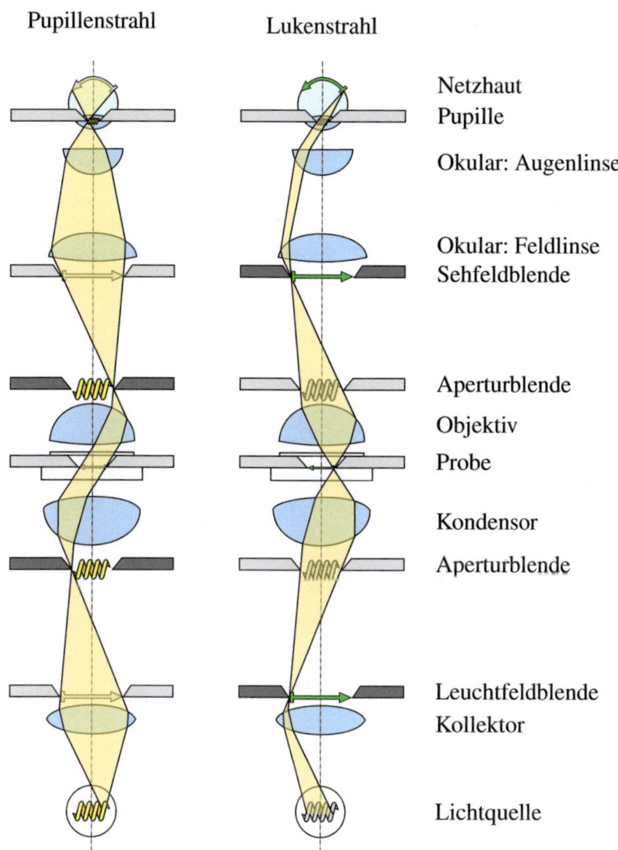

Abb. 2.7: Strahlengang in einem Lichtmikroskop mit Köhlerschen Beleuchtung

tion der Blenden. Der Pupillenstrahl wird durch die Aperturblenden eingeschränkt, die auch als Pupillen bezeichnet werden. Eine Pupille im Mikroskop ist, wie auch die Pupille im menschlichen Auge, nicht direkt in
der Abbildung sichtbar. Sie beschränkt nur den Öffnungswinkel und beeinflusst so die erreichbare Auflösung, die Schärfentiefe und die Bildhelligkeit. Dabei soll jedoch nicht die Auflösung eingeschränkt, sondern nur für

alle Punkte des Bildfelds exakt definiert werden. Gleichzeitig wird so der Stahlengang auf den inneren Bereich der Linse begrenzt, um Abbildungsfehler zu reduzieren. Zum Erreichen einer optimale Abbildungsqualität, ist bei Lichtmikroskopen die abbildungsseitige Aperturblende meist direkt im Objektiv eingebaut und nicht einstellbar.

Die Feldblenden, auch Luken genannt, begrenzen den Lukenstrahl. Im Gegensatz zu Pupillen sind sie in der Abbildung sichtbar, da sie in konjugierten Ebenen zur Probe angeordnet sind. Die Leuchtfeldblende wird durch den Kondensor auf die Probe abgebildet und schränkt die Beleuchtung auf den betrachteten Teil der Probe – das Bildfeld – ein. Die Sehfeldblende beschneidet das Zwischenbild im abbildenden Strahlengang und begrenzt den abgebildeten Bereich der Probe. Dies ist vor allem bei der Verwendung einer Kamera wichtig, um die Größe des Bildes an die Größe des Sensors anzupassen. Zur Reduktion von störendem Streulicht, sollte die Größe des Leuchtfelds nicht größer gewählt werden, als es zur Ausleuchtung des gesamten Bildfelds nötig ist. Weitere Informationen zum Aufbau von Lichtmikroskopen sowie zur Köhlerschen Beleuchtung finden sich in der Literatur [25, 49].

3 Konzeption des Röntgenmikroskops

In der Vollfeldmikroskopie sind eine gleichbleibend hohe Auflösung und eine homogene Ausleuchtung über das gesamte Bildfeld wichtig, um eine gute Bildqualität zu erhalten. Dies wird in der Lichtmikrokopie durch die Köhlersche Beleuchtung erreicht, welche als Orientierung bei der Auslegung des Röntgenmikroskops dienen kann.

Das im Rahmen dieser Arbeit konzipierte Röntgenvollfeldmikroskop besteht, wie die meisten anderen Mikroskope, aus einem Beleuchtungs- und einem Abbildungsteil. In beiden Teilen werden refraktive Linsen verwendet, die im Photonenenergiebereich von 15 keV bis 30 keV vorteilhafte Eigenschaften aufweisen.

Abbildung 3.1 zeigt schematisch den Aufbau des Röntgenmikroskops. Zur Beleuchtung der Probe wird in dieser Darstellung eine Prismenlinse verwendet. Die Wahl der Kondensorlinse wird in Abhängigkeit der Eigenschaften der Röntgenquelle in den Abschnitten 3.3 und 3.4 dargestellt. Als Objektivlinse wird aufgrund der guten Abbildungseigenschaften eine Parabollinse verwendet, deren Aufbau in Kapitel 4 detailliert behandelt wird. Zwischen Probe und Objektivlinse befindet sich eine Aperturblende, deren Aufgabe es ist, Strahlen abzuhalten, die nicht die Eingangsapertur der Objektivlinse treffen. Da refraktive Röntgenlinsen im Vergleich zu Linsen für sichtbares Licht eine hohe Absorption und eine kleine Apertur aufweisen, wird in der Röntgenmikroskopie nur jeweils eine Linse zur Beleuchtung und zur Abbildung verwendet. Die daraus resultierenden Unterschiede zur Köhlerschen Beleuchtung sind im Kapitel 3.2 beschrieben.

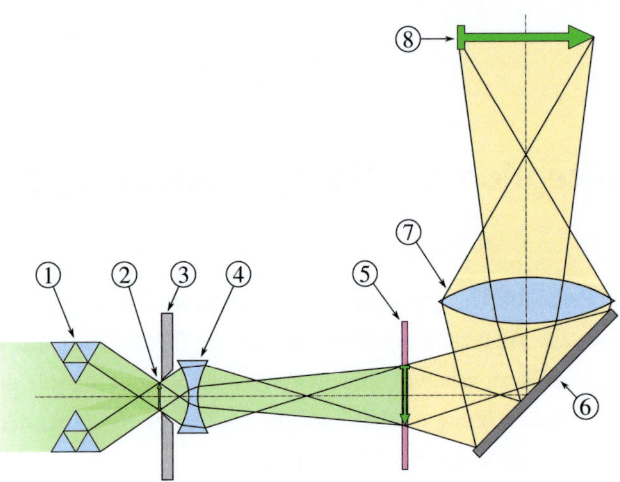

Abb. 3.1: Aufbau des Röntgenvollfeldmikroskops: 1) Kondensorlinse, 2) Probe, 3) Aperturblende, 4) Objektivlinse, 5) Szintillator, 6) 45°-Umlenkspiegel, 7) Mikroskopobjektiv für sichtbares Licht, 8) Bildsensor; die Röntgenquelle ist nicht eingezeichnet und befindet sich links außerhalb der Darstellung. Der Strahlengang der Röntgenstrahlung bis zum Szintillator ist grün dargestellt, der Strahlengang des sichtbaren Lichts gelb. Die Größenverhältnisse und Abstände der Komponenten entsprechen in dieser Abbildung nicht der Realität [26].

Eine weitere wichtige Baugruppe des Röntgenmikroskops ist der Detektor. Bei hochauflösenden Detektoren wird die Röntgenstrahlung meist nicht direkt erfasst, sondern über das Fluoreszenzbild auf einem Szintillator im sichtbaren Wellenlängenbereich indirekt auf den Bildsensor abgebildet (siehe Kapitel 3.5). Der Strahlengang des sichtbaren Lichts im Detektor muss bei der Auslegung des Röntgenmikroskops berücksichtigt werden und ist daher ebenfalls in Abbildung 3.1 dargestellt.

3.1 Konzeption des Röntgenmikroskops

Bei der Konzeption eines Mikroskops müssen alle Komponenten und deren Zusammenspiel gemeinsam betrachtet werden, um ein optimales Ergebnis zu erzielen und das Potenzial jedes Bauteils vollständig auszunutzen. Dabei sind die angestrebte Auflösung und die angestrebte Bildfeldgröße mit den technischen Möglichkeiten und dem zur Verfügung stehenden Bauraum in Einklang zu bringen.

Als Beispiel wird hier ein Röntgenmikroskop ausgelegt, das an dem im Aufbau befindlichen Strahlrohr IMAGE an ANKA (**Å**ngströmquelle **Karls**ruhe) aufgebaut werden soll. Dort wird bei Photonenenergien oberhalb von 15 keV eine Auflösung unter 100 nm über ein ausgedehntes Bildfeld angestrebt. Dabei darf eine Baulänge von 4 m nicht überschritten werden. Diese Anforderungen sind, wie in Kapitel 4 gezeigt wird, bei 30 keV am besten mit einer Objektivlinse mit 100 mm Brennweite zu erfüllen.

3.1.1 Auflösung, Bildfeldgröße und Vergrößerung

Zu Beginn des Auslegungsprozesses ist ein sinnvolles Verhältnis von Auflösung und Bildfeldgröße zu wählen. Ausgangspunkt dieser Überlegung ist der Bildsensor mit dem das Bild aufgenommen werden soll. Dieser muss die gewünschte Auflösung über die gesamte Fläche der vergrößerten Abbildung erfassen können. Zur auflösbaren Detektion periodischer Linien, sind nach dem Nyquist-Shannon-Abtasttheorem mindestens 2,3 Pixel pro Periode (Linie und Lücke) notwendig. Um einen möglichst hohen Kontrast zu erhalten, ist es jedoch besser vier Pixel zur Detektion einer Periode zu verwenden [49]. Typische Bildsensoren haben eine Größe von einigen Tausend Pixeln Kantenlänge. Mit einem Bildsensor mit einer Kantenlänge von mindestens 4000 Pixeln lässt sich ein Verhältnis von Auflösung zu Bildfeldgröße von 1 : 1000 gut detektieren. Bei einer angestrebten Auflösung von

100 nm führt dieses Verhältnis zu einem quadratischen Bildfeld mit 100 μm Kantenlänge.

Im nächsten Schritt wird die erforderliche Vergrößerung bestimmt. Dies geschieht durch einen Vergleich der Auflösungsgrenzen der verschiedenen Komponenten. Bei konservativer Auslegung beträgt die Auflösung eines geeigneten Szintillators etwa 1,5 μm und ist damit um einen Faktor 15 geringer als die angestrebten 100 nm Auflösung in der Probenebene. Um ein auflösbares Bild auf dem Szintillator zu erreichen, muss also die röntgenoptische Vergrößerung zwischen Probe und Szintillator mindestens 15 betragen. Daraus folgt, dass ein Bildfeld mit einer Größe von 100 μm × 100 μm auf einer Fläche von 1,5 mm × 1,5 mm auf den Szintillator abgebildet wird.

Auf ähnliche Weise wird die erforderliche Vergrößerung zwischen Szintillator und Bildsensor bestimmt. Soll eine Periode aus Linie und Lücke, die auf dem Szintillator 1,5 μm groß ist, auf vier Detektorpixel mit beispielsweise je 7,5 μm Kantenlänge abgebildet werden, muss sie auf 30 μm vergrößert werden. Dies entspricht einem Vergrößerungsfaktor von 20. Das Bild auf dem Bildsensor hat dann eine Größe von 30 mm × 30 mm. Das hier aufgeführte Beispiel ist in Tabelle 3.1 noch einmal übersichtlich dargestellt.

	Auflösung	Bildfeldgröße	Vergrößerung
Probe	100 nm	100 μm × 100 μm	⎫ 15-fach
Szintillator	1,5 μm	1,5 mm × 1,5 mm	⎬ 20-fach
Bildsensor	30 μm/4 Pixel 7,5 μm/ Pixel	30 mm × 30 mm 4000 Pixel × 4000 Pixel	⎭

Tab. 3.1: Auflösung, Bildfeldgröße und Vergrößerung im Röntgenmikroskop

3.1.2 Länge des Röntgenmikroskops

Der Laborplatz an Röntgenquellen ist begrenzt und beschränkt die maximale Länge des Röntgenmikroskops. Dies muss bei der Auslegung berücksichtigt werden. Die Länge des Röntgenmikroskops L_{Mik} setzt sich aus den Abständen zwischen den Komponenten und deren Längen zusammen. In die Summe

$$L_{\mathrm{Mik}} = k + g + b + L_{\mathrm{D}} \tag{3.1}$$

gehen die Beleuchtungsweite k, die Gegenstandsweite g, die Bildweite b und die Länge des Detektors L_{D} ein. Die Länge der Kondensorlinse und der Abstand der Hauptebenen der Objektivlinse können vernachlässigt werden. Der Abstand q zwischen Röntgenquelle und Kondensorlinse wird hier nicht mitgerechnet, da er durch den Mikroskopaufbau meist nicht zubeeinflussen, sondern von der Experimentierstation vorgegeben ist. In Abbildung 3.2 sind die wichtigen Längen und Abstände im Röntgenmikroskop schematisch dargestellt.

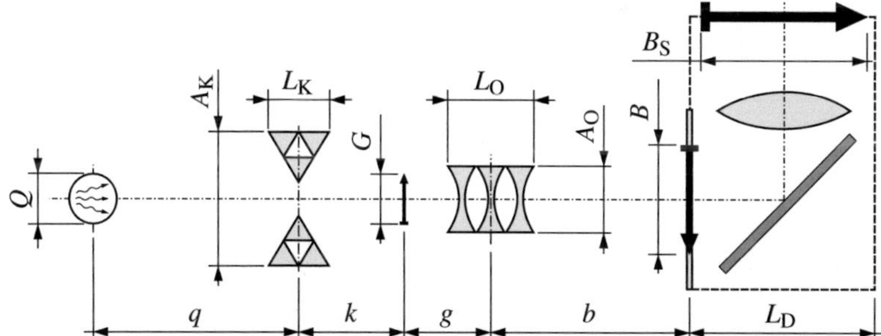

Abb. 3.2: Schematische Darstellung der Längen und Abstände im Röntgenmikroskop: q – Quellabstand, k – Beleuchtungsweite, g – Gegenstandsweite, b – Bildweite, L_{D} – Länge des Detektors vom Szintillator bis zur Gehäuserückwand, Q – Quellgröße, G – Gegenstandsgröße, B – Bildgröße auf den Szintillator, B_{S} – Bildgröße auf den Bildsensor, L_{K} – Länge der Kondensorlinse, L_{O} – Länge der Objektivlinse, A_{K} – Apertur der Kondensorlinse, A_{O} – Apertur der Objektivlinse

Den größten Einfluss auf die Baulänge des Mikroskops hat die Bildweite b. Aus den Gleichungen 2.15 und 2.16 folgt die Beziehung

$$b = (M+1)f \tag{3.2}$$

mit der die Bildweite b aus der Brennweite f und der Vergrößerung M berechnet werden kann. Für das hier gewählte Beispiel mit einer Brennweite von 100 mm und einer Vergrößerung von 15 ergibt sich daraus eine Bildweite von 1,6 m. Für die Gegenstandsweite g kann die Gleichung

$$g = \frac{(M+1)}{M}f \tag{3.3}$$

hergeleitet werden. Daraus ergibt sich für das gewählte Beispiel eine Gegenstandsweite von 107 mm.

Bei einem Mikroskop mit guter Beleuchtung sind die numerische Apertur von Objektiv- und Kondensorlinse gleich groß (siehe Kapitel 2). Auf Grundlage dieser Bedingung kann man die Beleuchtungsweite k aus dem Akzeptanzwinkel der Objektivlinse α_O und der Apertur der Kondensorlinse A_K nach der Gleichung

$$k = \frac{A_K/2}{\tan(\alpha_O/2)} \tag{3.4}$$

berechnen. Durch die Wahl der Apertur der Kondensorlinse lässt sich so die Beleuchtungsweite in einem gewissen Rahmen festlegen. Ein kurzes Röntgenmikroskop kann durch die Wahl einer kleinen Kondensorlinse realisiert werden. Tendenziell ist jedoch eine möglichst große Kondensorlinsenapertur anzustreben, um möglichst viel Licht einzufangen. Als Beispiel wird hier eine Rolllinse mit einer Apertur von 800 μm gewählt. Eine Parabollinse mit einer Brennweite von 100 mm bei 30 keV hat, wie in Kapitel 4 gezeigt wird, einen Eingangsakzeptanzwinkel von 0,7 mrad. Aus diesen Werten ergibt sich nach Gleichung 3.4 eine Beleuchtungsweite von 1,143 m.

Mit den berechneten Werten für Bild-, Gegenstands- und Beleuchtungsweite sowie einer angenommen Länge des Detektors von 300 mm kann die Länge des Röntgenmikroskops berechnet werden. Nach Gleichung 3.1 ergibt sich damit eine Länge von 3,15 m. Bei einem kürzeren Röntgenmikroskop müssen Einschränkungen in der Bildfeldgröße, der Auflösung oder der Apertur des Kondensors hingenommen werden. Ein längerer Aufbau ermöglicht eine höhere röntgenoptische Vergrößerung oder eine größere Kondensorlinsenapertur.

3.2 Abweichungen vom Konzept der Köhlerschen Beleuchtung

Im Gegensatz zur Lichtmikroskopie wird bei dem Röntgenmikroskop, wie es in Abbildung 3.1 dargestellt ist, nur jeweils eine Linse zur Beleuchtung und zur Abbildung verwendet, auch wenn ein Aufbau mit jeweils zwei Linsen, wie er in Kapitel 2.4.2 beschrieben wird, Vorteile bietet. Dies liegt an der kleinen Apertur von Parabollinsen mit kurzer Brennweite. Bei der Objektivlinse im hier konzipierten Röntgenmikroskop ist die Apertur ungefähr so groß wie das Bildfeld oder sogar kleiner. Bei einer zweistufigen vergrößerten Abbildung ist das Zwischenbild größer ist als die Probe. Folglich wäre die Apertur der zweiten abbildenden Röntgenlinse deutlich kleiner ist als das Zwischenbild. Da die Strahlen des Zwischenbilds zusätzlich divergent verlaufen, können diese nicht vollständig von der zweite Linse eingefangen werden. In der Lichtmikroskopie wird zur Vermeidung von Vignettierungen eine Feldlinse eingesetzt. Auch dies ist jedoch bei einem Röntgenmikrokop aufgrund des Größenverhältnisses von Apertur und Zwischenbild nicht umsetzbar. Weiterhin ist es wegen der hohen Absorption von Röntgenlinsen sinnvoll so wenige Linsen wie möglich zu verwenden.

Ein Nachteil des einstufigen Aufbaus gegenüber einem zweistufigen ist, die schwierigere Positionierung der Blenden. Bei einem Aufbau mit zwei Linsen im Beleuchtungs- und im Abbildungsteil des Mikrokops, befinden sich die Blenden an Stellen, an denen ein reales oder virtuelles Zwischenbild von Probe oder Quelle entsteht, sich aber keine Linse befindet. Dadurch erreicht man vielfältige Einstellmöglichkeiten und vermeidet die Kollision der Blenden mit anderen Bauteilen. Um bei einem Aufbau mit je einer Linse die gleichen Einstellmöglichkeiten zu erhalten, müsste sich beispielsweise die Sehfeldblende im Präparat oder im Szintillator befinden. Aufgrund des kleinen Akzeptanzwinkels von refraktiven Röntgenlinsen werden Seh- und Leuchtfeld schon durch die Linsen selbst stark eingeschränkt. Daher wird in im Rahmen dieser Arbeit nur eine einzige Blende zwischen Probe und Objektivlinse verwendet.

Bei einer vergrößerten Abbildung wird das Licht, das die Linse durchläuft, auf eine größere Fläche verteilt. Dadurch ist die Intensität auf dem Detektor um das Quadrat des Abbildungsmaßstabs kleiner als in der Ausgangsebene der Linse. Die Divergenz des Röntgenlichts, das an der Objektivlinse vorbeigeht, wird nicht verändert, so dass dessen Intensität beim Auftreffen auf den Detektor entsprechend hoch ist. Dieses Licht stört die Abbildung stark und führt zu hellen Flecken in der Bildmitte. Aus diesem Grund sollte die Blende möglichst nah an der Eingangsapertur der Objektivlinse stehen, um das Röntgenlicht abzufangen, das nicht die Eingangsapertur der Objektivlinse trifft. Noch besser wäre es, die Blende in die Linse zu integrieren, um auch Röntgenlicht abzufangen, das die Linse seitlich verlässt. Dies ist jedoch schwierig umzusetzen.

3.3 Wahl der Beleuchtungsoptik an Synchrotronquellen

An Synchrotronstrahlrohren weist die Röntgenstrahlung aufgrund der kleinen Quellgröße und des großen Quellabstands eine geringe Divergenz auf. Näherungsweise wird hier angenommen, dass die Strahlung ideal parallel ist oder von einer idealen Punktquelle ausgeht. Beide Annahmen haben die gleichen Auswirkungen auf die Wahl der Beleuchtungsoptik. Die Strahlung eines Quellpunkts oder parallele Strahlung kann durch abbildende Linsen auf einen Punkt fokussiert werden.

Mit einer abbildende Kondensorlinse kann daher an einem Sychrotron-strahlrohr nur ein einziger Punkt der in der Fokusebene liegenden Probe beleuchtet werden (siehe Abbildung 3.3 a). Durch Defokussierung kann zwar das Leuchtfeld auf die gesamte Probe ausgedehnt werden, jeder Probenpunkt wird so jedoch nur aus einer einzigen Richtung beleuchtet (siehe Abbildung 3.3 b). Bei einem Mikroskop sollte aber jeder Probenpunkt, angepasst an die numerische Apertur der Objektivlinse, aus möglichst vielen verschiedenen Richtungen beleuchtet werden (siehe Kapitel 2.4.2). Dies kann an Synchrotronstrahlrohren mit Hilfe von Prismenlinsen erreicht werden. Eine Prismenlinse besteht aus vielen, in Reihen angeordneten Prismen. Da der Ablenkwinkel der transmittierten Strahlung vor allem von der Anzahl der durchlaufenen Prismen abhängt, kann durch ein geeignetes Design der Prismenlinse die gesamte Probe homogen aus verschiedenen Richtungen beleuchtet werden (siehe Abbildung 3.3 c). Dies wird in Kapitel 5 genauer beschrieben.

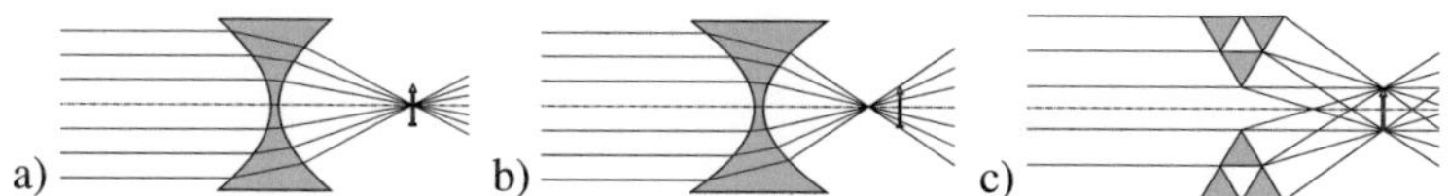

Abb. 3.3: Schematische Darstellung der Probenbeleuchtung bei ideal parallel einfallender Strahlung: a) mit einer abbildenden Linse fokussiert auf die Probe b) mit einer abbildenden Linse nicht auf die Probe fokussiert c) mit einer Prismenlinse [26]

3.4 Wahl der Beleuchtungsoptik an Röntgenröhren

Röntgenröhren weisen im Vergleich zu Synchrotronquellen eine hohe Divergenz und eine große Quellgröße auf. Zudem ist dort der Laborplatz meist deutlich kleiner, was den Bau eines möglichst kurzen Röntgenmikroskops notwendig macht. Wie aus Gleichung 3.4 hervorgeht, ist eine kurze Beleuchtungsweite bei gegebenem Eingangsakzeptanzwinkel der Objektivlinse nur mit einer Kondensorlinse mit kleiner Apertur möglich.

Bei kleinen Aperturen verringert sich der Vorteil, den Prismenlinsen durch ihre höhere Transmission gegenüber Parabollinsen haben. Eine hohe Quelldivergenz in Verbindung mit einer großen Quellgröße ermöglicht es aber, die gesamte Probe mit einer Parabollinse aus verschiedenen Winkeln zu beleuchten. Besonders günstig ist es, wenn sich die Quelle im eingangsseitigen Brennpunkt der Kondensorlinse befindet, so dass die Probe von vielen parallelen Strahlenbündeln unterschiedlicher Richtung beleuchtet wird. Dadurch entsteht ein Beleuchtungsmuster wie bei der Köhlerschen Beleuchtung, bei der sich ein Zwischenbild der Quelle im Fokuspunkt der Kondensorlinse befindet (siehe Kapitel 2.4.2). Aufbau und Strahlengang eines solchen Röntgenmikroskops sind in Abbildung 3.4 dargestellt.

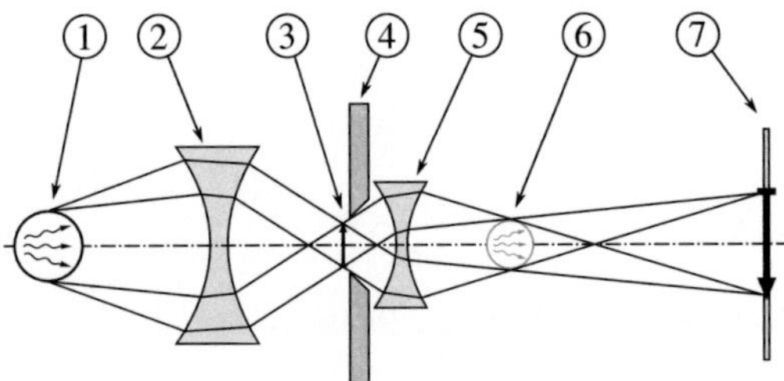

Abb. 3.4: Strahlengang in einem Röntgenmikroskop mit großem Röntgenquellendruchmesser und stark divergenter Abstrahlcharakteristik: 1) Röntgenquelle, 2) Kondensorlinse, 3) Probe, 4) Aperturblende, 5) Objektivlinse, 6) Zwischenbild der Röntgenquelle, 7) Szintillator

Bei großen, stark divergent abstrahlenden Quellen besteht jedoch auch die Möglichkeit auf die Kondensorlinse ganz zu verzichten. Dadurch wird zum einen die Menge an absorbierendem Material im Strahlengang reduziert und zum anderen die Länge des Aufbaus verkürzt. Dies kann gerade an Röntgenröhren mit geringen Photonenfluss und kleinem Bauraum vorteilhaft sein. Wenn der Brennfleck größer ist als das Bildfeld und sich die Probe möglichst nah an der Quelle befindet, kann auch ohne Kondensorlinse ein geeignetes Beleuchtungsmuster erreicht werden. Dies ist beispielsweise mit einer Transmissionsanode möglich.

In den bisherigen Überlegungen ist nicht darauf eingegangen worden, dass Röntgenröhren polychromatisches Röntgenlicht abstrahlen. Da nach heutigem Stand der Technik keine achromatischen, refraktiven Röntgenlinsen zur Verfügung stehen, kann nur ein kleiner Teil des abgestrahlten Spektrums verwendet werden. Vorteilhaft ist die Nutzung der charakteristischen Strahlung der Anode, da deren Intensität meist deutlich über der des Bremsspektrums liegt. Sollten diese Intensitätsunterschiede nicht ausreichen, um ein ausreichend aufgelöstes Bild zu erreichen, muss das Spektrum im Einzelfall durch geeignete Filter und Spiegel entsprechend beschnitten werden.

Eine große Einschränkung an Röntgenröhren ist die geringe Photonendichte, die zu langen Belichtungszeiten führt. Das Ausrichten der Linsen, der Probe sowie der Aperturblenden ist dadurch zeitaufwändig. Der Aufbau eines Röntgenmikroskops ist daher nur an sehr leistungsstarken Röntgenröhren sinnvoll. Eine solche Röntgenröhre hat im Rahmen dieser Arbeit nicht zur Verfügung gestanden, so dass keine solchen Versuche stattgefunden haben. Da Auswahl und Design der Beleuchtungsoptik von den genauen Quelleigenschaften abhängen, sind auch keine weiterführenden Rechnungen zu einem solchen Aufbau erfolgt.

3.5 Aufbau des Detektors

Röntgendetektoren können je nach Bauweise die Röntgenstrahlung direkt oder indirekt erfassen. Bei direkt arbeitenden Detektoren wird die Röntgenstrahlung direkt auf den Bildsensor abgebildet. Solche Detektoren zeichnen sich durch eine große Sensorfläche aus, ermöglichen aber keine hohe Ortsauflösung.

Bei indirekt arbeitenden Detektoren wird die Röntgenstrahlung auf einen Szintillator abgebildet. Dieser fluoresziert unter Röntgenlicht mit einer größeren Wellenlänge, meist im sichtbaren Wellenlängenbereich. Das emittierte sichtbare Licht wird über einen Umlenkspiegel und ein Mikroskopobjektiv auf den Bildsensor abgebildet. Dadurch ist eine hohe Ortsauflösung möglich, wie sie zum Aufbau eines Röntgenmikroskops notwendig ist. Der Umlenkspiegel ist für Röntgenstrahlung durchlässig, nur das Fluoreszenzlicht wird gespiegelt. Somit sind Mikroskopobjektiv und Bildsensor keiner Röntgenstrahlung ausgesetzt, was ihre Lebensdauer deutlich erhöht. Das Mikroskopobjektiv dient dazu, das Bild auf den Szintillator weiter zu vergrößern und so die Verwendung eines Bildsensors mit größeren Pixeln zu ermöglichen. Ein solcher Detektoraufbau ist Teil der Darstellung des Röntgenmikroskops in Abbildung 3.1.

Im Rahmen dieser Arbeit ist bei den meisten Experimenten ein am IMT gebauter Detektor verwendet worden. Dieser Detektor nutzt einen $11\,\mu m$ dicken LSO-Szintillator[1], Edmunds Optics Mikroskopobjektive mit langem Arbeitsabstand und 10- bzw. 20-facher Vergrößerung und eine Tubuslinse mit $200\,mm$ Brennweite[2]. Zur Bildaufnahme kann eine Nikon D4-Kamera oder eine PCO4000-Kamera verwendet werden.

---

[1] FEE GmbH, Idar Oberstein

[2] http://www.edmundoptics.com:

  a) 10X EO M Plan Apo Long Working Distance Infinity-Corrected

  b) 20X EO M Plan Apo Long Working Distance Infinity-Corrected

  c) MT-1 Accessory Tube Lens

4 Objektivlinse

Als Objektivlinse wird eine refraktive Röntgenlinse mit bikonkaven Linsenelementen mit parabelförmigen Oberflächen verwendet, die mittels Röntgentiefenlithographie aus dem Negativphotolack mr-L hergestellt wird. Dieses Fertigungsverfahren erlaubt eine flexible Anpassung des Linsendesigns an den jeweiligen Anwendungsfall und ermöglicht eine präzise Herstellung. Da mittels Röntgentiefenlithographie bisher keine rotationssymmetrischen Linsen hergestellt werden können, bestehen die Linsen aus abwechselnd angeordneten horizontal und vertikal fokussierenden Linsenelementen. Abbildung 4.1 zeigt eine elektronenmikroskopische Aufnahme einer solchen Linse.

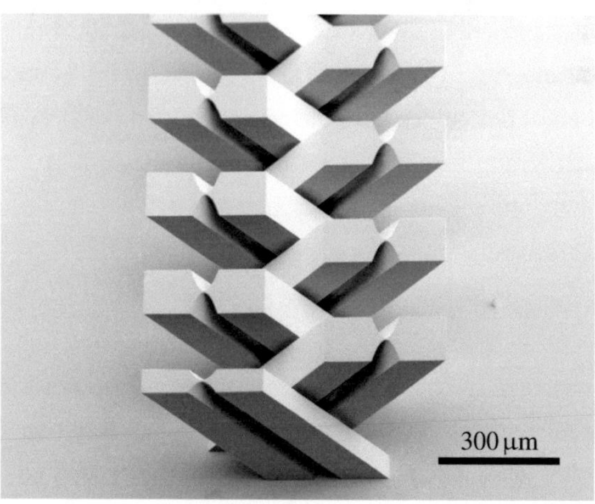

Abb. 4.1: REM-Aufnahme einer Parabollinse

Durch die Aufteilung von horizontaler und vertikaler Fokussierung auf verschiedene, räumlich getrennte Linsenelemente besteht die Gefahr, dass die Linsen astigmatisch werden. Um Astigmatismus zu vermeiden, müssen sich die Hauptebenen der horizontalen und vertikalen Linsenhälfte an der gleichen Stelle befinden. Bei gleichem Radius im Parabelgrund und abwechselnder Anordnung horizontaler und vertikaler Linsenelemente ist der Abstand der Hauptebenen ungefähr so groß wie die Länge eines Linsenelements. Damit ist er bei dieser Anordnung deutlich kleiner, als wenn horizontale und vertikale Linsenelemente in zwei Blöcken hintereinander angeordnet sind. Dieser kleine Abstand von ein paar hundert Mikrometern ist jedoch schon zu groß, um bei einer Abbildung die beugungsbegrenzte Auflösung zu erreichen.

Besser ist es, bei einer der beiden Linsenhälften ein Linsenelement durch zwei Linsenelemente mit halber Brechkraft zu ersetzen. Dadurch hat eine Linsenhälfte ein Element mehr als die andere und die Linsenelemente beider Linsenhälften lassen sich abwechselnd und symmetrisch zur Linsenmitte anordnen. Der verbleibende Astigmatismus durch die unterschiedliche Länge der Linsenhälften ist deutlich kleiner als die Beugungsgrenze und damit für die Praxis irrelevant. Das vorderste Linsenelement in Abbildung 4.1 ist eines der beiden Linsenelemente mit halber Brechkraft. Durch den doppelten Krümmungsradius ist das Linsenelement in Strahlrichtung nur halb so lang wie die anderen Linsenelemente.

4.1 Auslegung

Für eine Abschätzung der Linseneigenschaften oder zur Konzeption des Mikroskops reichen die Formeln aus, wie sie in den Kapiteln 2 und 3 verwendet worden sind. Zur genauen Untersuchung der Objektivlinse ist jedoch eine exakte Berechnung des Strahlengangs wichtig. Daher ist im Rahmen dieser Arbeit ein Matlabprogramm zur Berechnung des Strahlengangs geschrieben worden, das zur Berechnung der Ergebnisse in diesem Kapitel verwendet worden ist. Im Einzelfall kann es zu geringfügigen Abweichungen zwischen den Ergebnissen aus der Strahlengangberechnung und den analytischen Formeln kommen.

4.1.1 Feste geometrische Größen

Mit der Wahl des Linsenmaterials, des Fertigungsverfahrens und der prinzipiellen Anordnung der Linsenelemente sind bereits wichtige Eigenschaften der Linse festgelegt, die als Grundlage für den weiteren Auslegungsprozess dienen. Abbildung 4.2 bietet eine Übersicht zu den festzulegenden geometrischen Größen der Objektivlinse.

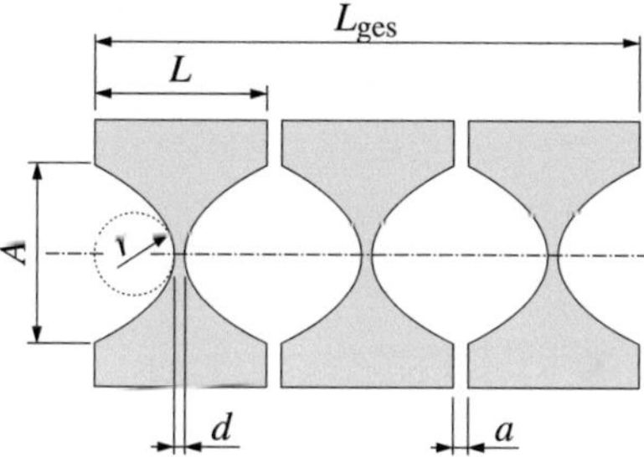

Abb. 4.2: Schematische Darstellung einer Parabollinse mit den wichtigsten geometrischen Größen

Der Abstand a zwischen zwei Linsenelementen kann fertigungstechnisch nicht kleiner als $30\,\mu m$ sein, da bei kleineren Abständen der Photolack zwischen benachbarten Linsenelementen teilweise vernetzt [29]. Die mechanische Trennung der einzelnen Linsenelemente ist nötig, da bei großen zusammenhängenden Strukturen aufgrund der unterschiedlichen thermischen Ausdehnungskoeffizienten Spannungen zwischen Substrat und Photolack entstehen, die das Substrat verbiegen können. Da sich ein möglichst kleiner Abstand günstig auf die optischen Eigenschaften der Linse auswirkt, ist es vorteilhaft, den Minimalabstand von $30\,\mu m$ zu wählen.

Der kleinste Abstand d der beiden parabelförmigen Oberflächen eines Linsenelements darf fertigungstechnisch nicht kleiner als $7\,\mu$m sein. Bei kleineren Werten wird die Kontur des schmalen Stegs zwischen den beiden Oberflächen nicht sauber ausgebildet [29]. Es ist sinnvoll, den minimal möglichen Wert zu wählen, weil ein breiterer Steg nur die Absorption in der Linse erhöht.

Die Linsenlänge L_{ges} ist zurzeit auf einen Maximalwert von $60\,$mm begrenzt, da das Standardlayout für die Röntgentiefenlithographie am IMT eine Größe von $20\,$mm $\times$ $60\,$mm hat. Größere Masken werden zwar im Einzelfall verwendet, haben aber den Nachteil einer geringeren mechanischen Stabilität, was sich insbesondere bei Bestrahlungen unter $45°$ negativ auswirkt (siehe Kapitel 6). Bei gleicher Brennweite hat eine längere Linse zudem den Nachteil, dass der Abstand zwischen Probe und Linse kleiner wird. Dadurch bleibt weniger Raum zur Positionierung der Aperturblenden. Es ist also auch aufgrund des Mikroskopaufbaus sinnvoll, die Länge der Linse zu beschränken. Die Linsenlänge L_{ges} kann aus den Abständen a und d, der Apertur A, dem Radius im Parabelgrund r und der Gesamtzahl der Linsenelemente N_{ges} nach der Gleichung

$$L_{\mathrm{ges}} = \sum_{i=1}^{2N_{\mathrm{ges}}} \frac{1}{2r_i} \left(\frac{A_i}{2} \right)^2 + (N_{\mathrm{ges}} - 1)a + N_{\mathrm{ges}}d \qquad (4.1)$$

berechnet werden. Durch die gekreuzte Anordnung horizontaler und vertikaler Linsenelemente ist die Gesamtzahl der Linsenelemente $N_{\mathrm{ges}} = 2N + 1$ größer als die Zahl der Linsenelemente N einer Linsenhälfte. Durch das Festlegen der maximalen Linsenlänge ergeben sich daraus Grenzwerte für die Apertur A, den Radius im Parabelgrund r und die Anzahl der Linsenelemente N_{ges}. Wobei die beiden letzteren auch durch die Gleichung 2.6 für die Brennweite dicker Linsen mit einander verknüpft sind.

Abbildung 4.3 links zeigt die Brechkraft pro Längeneinheit in Abhängigkeit des Radius im Parabelgrund bei konstanter Brennweite und Apertur.

In Abbildung 4.3 rechts ist die maximal mögliche Apertur in Abhängigkeit des Radius im Parabelgrund bei konstanter Brennweite und Linsenlänge dargestellt. Aus beiden Abbildungen geht hervor, dass es sinnvoll ist einen möglichst kleinen Wert für den Radius im Parabelgrund zu wählen, da dann sowohl die Brechkraft pro Längeneinheit als auch die Apertur am größten sind. Kurze Linsen mit großer Apertur haben tendenziell ein höheres Auflösungsvermögen und eine geringere Absorption, was für den Einsatz in einem Röntgenmikroskop vorteilhaft ist. Die erforderliche Qualität der Linsenoberflächen lässt sich jedoch mit dem aktuellen Fertigungsprozess nur mit Radien größer 6 μm erreichen [29]. Daher wird dieser Wert für den Radius im Parabelgrund gewählt.

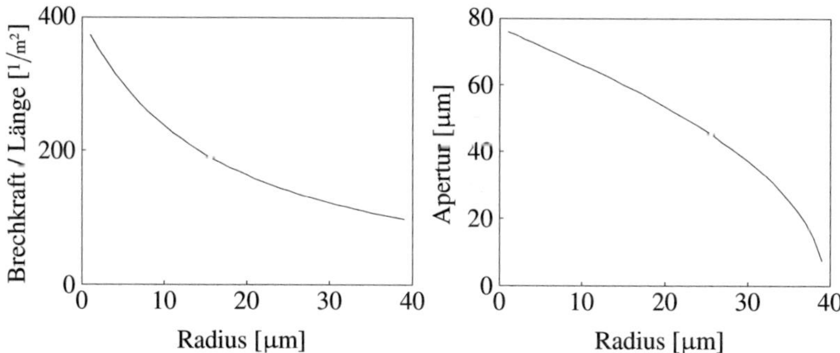

Abb. 4.3: Eigenschaften einer Linse mit 100 mm Brennweite bei 30 keV in Abhängigkeit des Krümmungsradius im Parabelgrund: links) Brechkraft pro Längeneinheit bei einer konstanten Apertur von 50 μm und rechts) maximale Apertur bei einer konstanten Linsenlänge von 60 mm

4.1.2 Zahl der Linsenelemente

Nachdem der Radius festgelegt ist, kann aus Gleichung 2.6 die Anzahl der Linsenelemente berechnet werden, die zum Erreichen einer bestimmten Brennweite notwendig ist. Der Zusammenhang zwischen Brennweite und der Anzahl identischer Linsenelemente einer Linsenhälfte ist in Abbildung 4.4 dargestellt.

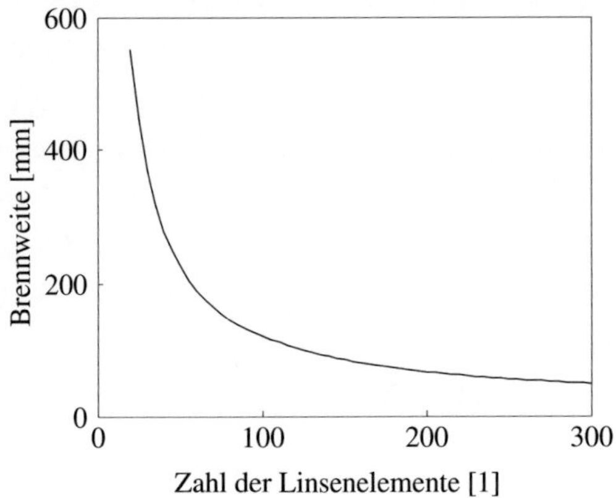

Abb. 4.4: Brennweite einer Linse bei 30 keV in Abhängigkeit der Anzahl gleich orientierter Linsenelemente für eine Linse mit 60 mm Länge und 6 μm Krümmungsradius im Parabelgrund

4.1.3 Apertur

Mit dem Radius im Parabelgrund und der Zahl der Linsenelemente kann nun aus Gleichung 4.1 die geometrisch maximal mögliche Apertur A_{geo} einer Linse in Abhängigkeit der Brennweite berechnet werden. Neben den geometrischen Einschränkungen wird die maximal nutzbare Apertur auch durch Absorption begrenzt (siehe Gleichung 2.7). In Abbildung 4.5 ist die durch Geometrie begrenzte und die durch Absorption begrenzte Apertur einer 60 mm langen Linse mit 100 mm Brennweite in Abhängigkeit der Photonenenergie dargestellt. Die Fläche unter beiden Kurven – hier grau dargestellt – zeigt die in der Praxis nutzbare Linsenapertur. Unter 24 keV und von 30 keV bis 40 keV wird die nutzbare Linsenapertur durch Absorption begrenzt, in den anderen Bereichen durch die maximale Linsenlänge bzw.

die Geometrie. Der starke Einbruch der absorptionsbegrenzten Apertur bei 30,5 keV ist auf die Absorptionskante von Antimon [44] zurückzuführen, welches in dem genutzten Photolack mr-L enthalten ist. Diese Absorptionskante ist auch der Grund, weshalb die Herstellung von Linsen für Photonenenergien über 30 keV mit dem derzeit verwendeten Photolack nicht sinnvoll ist.

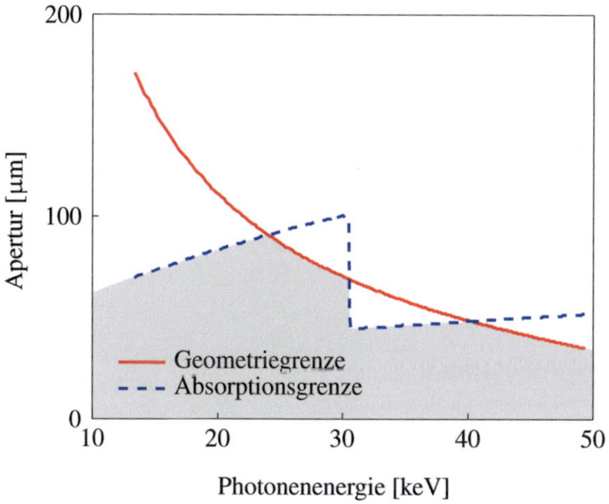

Abb. 4.5: Geometrisch begrenzte Apertur und absorptionsbegrenzte Apertur in Abhängigkeit der Photonenenergie für eine Linse mit 100 mm Brennweite, 6 μm Krümmungsradius im Parabelgrund und 60 mm Länge [27]

Die maximale Apertur eines Linsenelements wird weiterhin fertigungstechnisch durch das Verhältnis von Apertur zu Radius beschränkt. Bei einem zu großen Verhältnis wird der Scheitelpunkt der Parabel nicht mehr sauber ausgebildet. Im Rahmen dieser Arbeit ist bei Linsen mit einem Verhältnis von Apertur zu Radius von $A/r > 21$ festgestellt worden, dass nach der Entwicklung im Parabelgrund Photolackreste zurückbleiben. Bei Linsen mit einem Verhältnis $A/r < 16$ sind keine Fehler beobachtet worden. Dieses Verhältnis sollte daher nicht überschritten werden.

Der Vollständigkeit halber sein erwähnt, dass die maximal nutzbare Apertur eines Linsenelements außerdem durch Totalreflexion begrenzt wird (siehe Kapitel 2.2.1). Dies hat jedoch in der Praxis keine Relevanz, da Totalreflexion erst bei einem sehr großen Verhältnis A/r auftritt.

Bei der bisherigen Betrachtung der Linsenapertur ist davon ausgegangen worden, dass die Apertur aller Linsenelemente gleich groß ist. Durch Variation der Aperturen der einzelnen Linsenelemente kann jedoch die numerische Apertur einer Linse für einen spezifischen Anwendungsfall vergrößert werden. Dies ist beispielsweise bei adiabatischen Linsen [35] der Fall, die durch eine Anpassung der einzelnen Aperturen an den Strahlengang eine größere numerische Ausgangsapertur aufweisen, als dies mit den eben beschriebenen Randbedingungen bei einer Linse mit konstanter Apertur möglich ist.

4.1.4 Akzeptanzwinkel

In der Vollfeldmikroskopie soll die Auflösung möglichst über das gesamte Bildfeld konstant sein. Daher genügt es nicht, den Akzeptanzwinkel der Objektivlinse nach Gleichung 2.8 für einen einzigen Punkt des Bildfeldes zu bestimmen. Bei einem ausgedehnten Bildfeld bleibt der Akzeptanzwinkel nicht konstant, sondern ist von der Position des betrachteten Probenpunkts abhängig.

Durch Berechnung des Strahlengangs kann bestimmt werden, welche Strahlen vom betrachteten Probenpunkt ausgehen und die Linse passieren. Die maximale Winkeldifferenz dieser Strahlen entspricht dem Akzeptanzwinkel α des betrachteten Punkts (siehe Abbildung 4.6). Die Position des Probenpunkts wird durch seinen Abstand x zur optischen Achse beschrieben. Die Unterschiede für verschiedene Richtungen senkrecht zur optischen Achse sind vernachlässigbar klein, wie Berechnungen im Rahmen dieser Arbeit gezeigt haben.

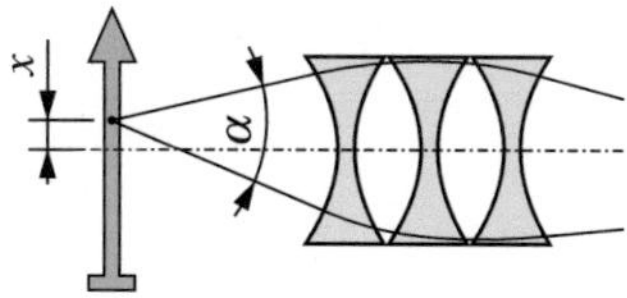

Abb. 4.6: Bestimmung des Akzeptanzwinkels α für einen Probenpunkt mit dem Abstand x zur optischen Achse

Abbildung 4.7 zeigt den Akzeptanzwinkel einer Linse mit konstanter Apertur, sowie zweier adiabatischer Linsen in Abhängigkeit der Position des Probenpunkts. Die adiabatischen Linsen wurden hier nicht als Beleuchtungsoptik, sondern als Abbildungsoptik charakterisiert, das heißt mit der kleineren Apertur auf der Eingangsseite. Für alle drei Linsen sinkt der Akzeptanzwinkel mit zunehmendem Abstand des betrachteten Punkts von der optischen Achse. Demzufolge verschlechtert sich auch die Auflösung einer Abbildung von der Bildmitte zum Bildrand. Die resultierende Auflösung für alle drei Linsen ist unter der Annahme idealer Beleuchtung nach Gleichung 2.10 berechnet und ebenfalls in Abbildung 4.7 dargestellt.

Ein Vergleich der Linsen untereinander zeigt außerdem, dass adiabatische Linsen – ihrer Auslegung entsprechend – Punkte in der Bildfeldmitte mit einer besseren Auflösung abbilden als eine Linse mit konstanter Apertur. Im Gegenzug verschlechtert sich deren Auflösung stärker mit zunehmendem Abstand zur optischen Achse. Besonders deutlich wird dies bei der adiabatischen Linse mit nur 40 mm Brennweite. Durch die kürzere Brennweite ist die Auflösung in der Bildfeldmitte besonders gut. Die mit der kurzen Brennweite verbundene kleine Eingangsapertur von nur 11 µm hat jedoch zur Folge, dass der Akzeptanzwinkel für Punkte mit einem Abstand zur optischen Achse von mehr als 10 µm null ist und somit von dort keine Photonen die Linse passieren können.

Wie an dem Beispiel der adiabatischen Linsen erkennbar ist, kann durch Variation der lokalen Aperturen der Akzeptanzwinkel einer Linse beein-

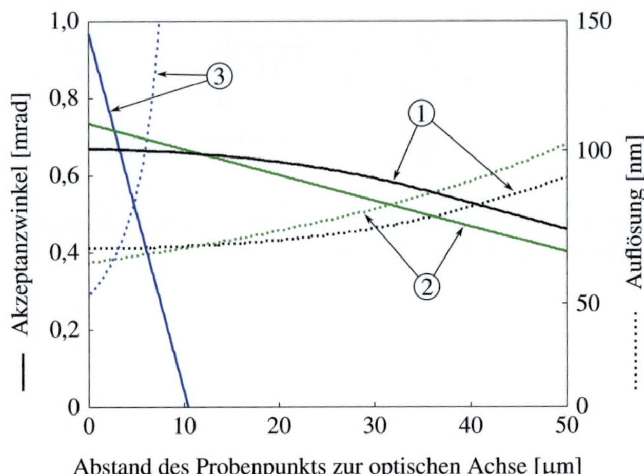

Abb. 4.7: Eingangsakzeptanzwinkel α und die daraus resultierende Auflösung für Linsen mit 60 mm Länge in Abhängigkeit des Abstands x des betrachteten Probenpunkts von der optischen Achse: 1) für eine Linse mit konstanter Apertur mit 100 mm Brennweite, 2) für eine adiabatische Linse mit 100 mm Brennweite und 3) für eine adiabatische Linse mit 40 mm Brennweite bei 30 keV

flusst werden. Da in der Vollfeldmikroskopie jedoch eine homogene Auflösung über das gesamte Bildfeld angestrebt wird, ist eine lokale Verbesserung der Auflösung in der Bildfeldmitte, wie sie durch adiabatische Linsen erreicht wird, für die Vollfeldmikroskopie nicht sinnvoll.

4.1.5 Photonendichteverteilung

Zur Anpassung der Objektivlinse an die Randbedingungen in einem Vollfeldmikroskop kann die Photonendichteverteilung in der Linse genutzt werden. Vergleichende Rechnungen im Rahmen dieser Arbeit haben gezeigt, dass die Photonendichte als Indikator dienen kann, um die Relevanz eines Volumenelements für die Funktion der Linse zu ermitteln und die zur Optimierung notwendige Anpassung des Linsendesigns abzuleiten. Zur Be-

rechnung der Photonendichteverteilung wird mittels Strahlengangsimulati-
on ermittelt, wie viele Photonen ein bestimmtes Volumenelement der Linse passieren. Dabei sind Größe, Position und Abstrahlwinkel der Quelle
wichtig, weil unterschiedliche Strahlprofile zu unterschiedlichen Ergebnissen führen. Zur Bestimmung der Photonendichteverteilung einer Objektivlinse in einem Vollfeldmikroskop, wird eine Quelle gewählt, die in Form,
Größe und Position dem geplanten Bildfeld entspricht. Entsprechend ist
zur Berechnung der Photonendichteverteilung zweier Objektivlinsen mit
100 mm Brennweite bei 30 keV in Abbildung 4.8, eine quadratische Quelle
mit 100 µm Kantenlänge und einen Abstand von 106,7 mm zur eingangsseitigen Hauptebene gewählt worden. Der Abstrahlwinkel ist so gewählt, dass
von jedem Punkt der Quelle Strahlen zu jedem Punkt der Eingangsapertur
gehen.

Abbildung 4.8 a zeigt die Photonendichteverteilung einer Linse mit konstanter Apertur. Die Photonendichteverteilung in der Linse nicht konstant
ist. In der Nähe der optischen Achse ist die Photonendichte höher als am
Rand. Dies liegt daran, dass die Mitte der Linse von Photonen aus einem
größeren Winkelbereich passiert werden kann und die Linsenelemente dort
dünner sind und somit eine geringere Absorption aufweisen. Interessanter
sind jedoch die Unterschiede parallel zur optischen Achse am äußeren Rand
der Linse. Am Linsenrand ist die Photonendichte in der Nähe der Eingangs-
und Ausgangsapertur deutlich größer als in der Linsenmitte. Da Bereiche
mit hoher Photonendichte für die Bildentstehung wichtiger sind als jene mit
geringerer Photonendichte, sollte die Linse so verändert werden, dass die
Photonendichte im Randbereich möglichst konstant ist. Dazu werden die
Aperturen der einzelnen Linsenelemente variiert.

Unter der Restriktion einer maximalen Linsenlänge kann die Apertur der
Linsenelemente mit höherer Photonendichte am Rand nicht einfach vergrößert werden, da die Linsenelemente dadurch auch länger werden. Verkleinert man jedoch die Apertur der Linsenelemente mit einer geringeren
Photonendichte am Rand, werden diese Linsenelemente kürzer. Der frei

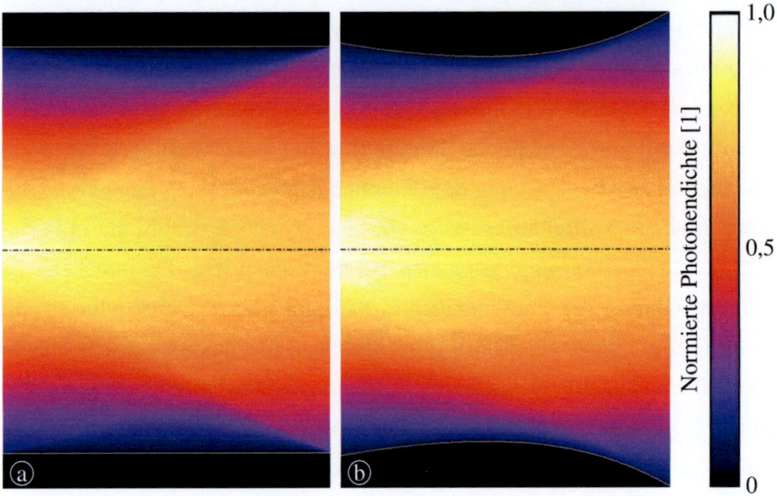

Abb. 4.8: Photonendichteverteilung: a) in einer Linse mit einer konstanten Apertur von 70,1 µm und b) in einer Taille-Linse mit einer Eingangsapertur von 71,5 µm; beide Linsen haben bei 30 keV eine Brennweite von 100 mm. Die Quelle mit einer Größe von 100 µm × 100 µm liegt in beiden Fällen auf der linken Seite mit einem Abstand von 106,7 mm zur eingangsseitigen Hauptebene. Dieser Abstand entspricht der Gegenstandsweite bei einer Vergrößerung von 15. Die waagerechte Bildkantenlänge entspricht der Linsenlänge von 60 mm, die senkrechte der Ausgangsapertur der Taille-Linse von 82 µm [27].

werdende Platz kann dann genutzt werden, um die Aperturen der Linsenelemente mit hoher Photonendichte am Rand zu vergrößern. Auf diese Weise entsteht ein Linsenprofil mit einer großen Eingangs- und Ausgangsapertur und einem schmaleren Bereich – einer Taille – in der Linsenmitte. In Abbildung 4.8 b ist erkennbar, dass auf diese Weise eine homogenere Photonendichteverteilung am Linsenrand erreicht werden kann. Diese Anpassung der Linsenaperturen führt zu einem größeren Akzeptanzwinkel und einer besseren Auflösung für Punkte am Rand des Bildfelds. In der Mitte des Bildfelds verbessert sich die Auflösung nur minimal. Abbildung 4.9 zeigt den Akzeptanzwinkel und die daraus resultierende Auflö-

sung der angepassten Linsenform – im Folgenden als Taille-Linse bezeichnet – im Vergleich zu einer Linse mit konstanter Apertur. Eine ausführlichere Beschreibung des Berechnungsverfahrens und der Charakteristiken
einer Taille-Linse folgt in Kapitel 4.2.

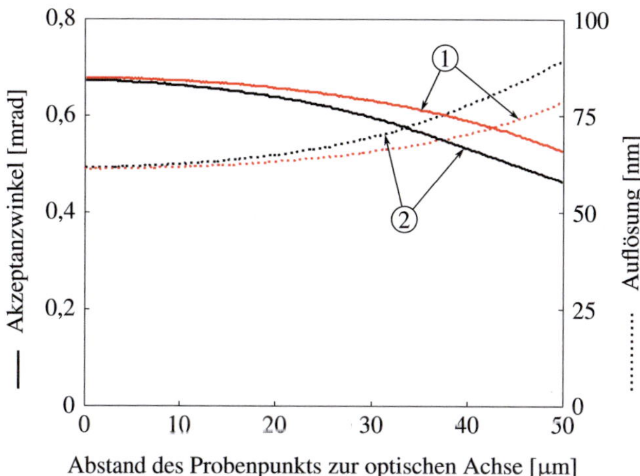

Abb. 4.9: Eingangsakzeptanzwinkel α und die daraus resultierende Auflösung für
verschiedene Probenpunkte in Abhängigkeit des Probenpunktabstands x
zur optischen Achse: 1) für eine Taille-Linse mit einer Eingangsapertur von 71,5 µm und 2) für eine Linse mit einer konstanten Apertur von
70 µm; beide Linsen haben eine Brennweite von 100 mm bei 30 keV und
eine Länge von 60 mm.

4.1.6 Brennweite und Bildfeldgröße

Eine kurze Brennweite ermöglicht tendenziell eine hohe Auflösung für
Punkte nahe der optischen Achse. Dies wird auch in Abbildung 4.10 deutlich, die den Akzeptanzwinkel für Taille-Linsen mit verschiedenen Brennweiten zeigt. Der Akzeptanzwinkel der Linsen mit kürzerer Brennweite
fällt jedoch zum Bildfeldrand schneller ab. Daher ist bei einem großen
Bildfeld eine längere Brennweite zu bevorzugen.

Am Bildfeldrand, in einem Abstand von 50 µm von der optischen Achse, ist der Akzeptanzwinkel der Linsen mit 110 mm und 120 mm Brennweite am größten. Der Akzeptanzwinkel der Linse mit 100 mm Brennweite ist dort jedoch nur geringfügig kleiner. Da die Linse mit nur 100 mm Brennweite aber neben einer höheren Auflösung in der Bildfeldmitte ein kürzeres Mikroskop ermöglicht, wird diese Brennweite hier bevorzugt.

Aus den Kurven in Abbildung 4.10 kann nur bedingt auf die optimale Brennweite für andere Bildfeldgrößen geschlossen werden. Taille-Linsen, die für eine andere Bildfeldgröße optimiert sind, haben eine andere Form und weisen folglich einen anderen Akzeptanzwinkel auf. Tendenziell sind aber für kleine Bildfelder kurze Brennweiten und für große Bildfelder lange Brennweiten sinnvoll.

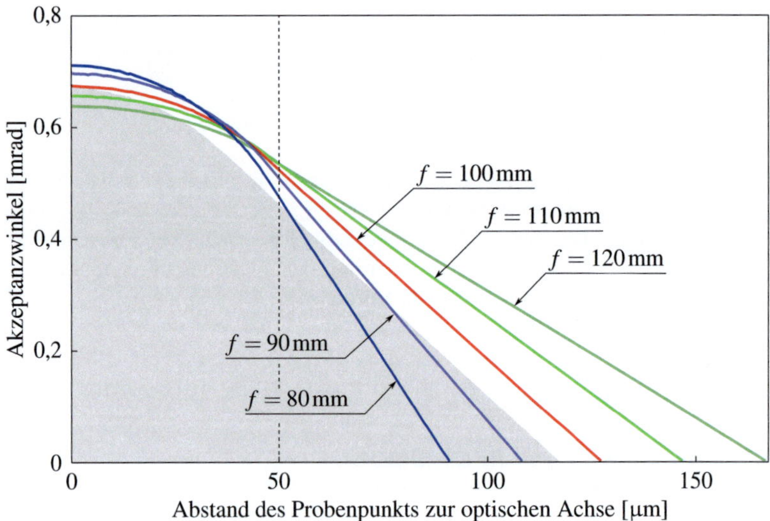

Abb. 4.10: Akzeptanzwinkel von Taille-Linsen verschiedener Brennweiten f zur Abbildung eines 100 µm × 100 µm großen Bildfelds mit einer Vergrößerung von 15; der graue Bereich zeigt den Akzeptanzwinkel einer Linse mit konstanter Apertur und 100 mm Brennweite. Die gestrichelte Linie deutet die Größe des Bildfelds an [27].

Das Verhältnis von Brennweite und Bildfeldgröße zeigt sich auch in der Form der Taille-Linsen, die in Abbildung 4.11 zu sehen ist. Linsen mit großer Brennweite haben bei gleicher Linsenlänge eine größere Apertur als Linsen mit kleiner Brennweite. Bei einer großen Apertur ist das Verhältnis von Bildfeldgröße und Apertur kleiner. Dadurch ist die Taille-Form bei Linsen mit großer Brennweite und großer Apertur weniger stark ausgeprägt als bei Linsen mit kurzer Brennweite und entsprechend kleiner Apertur. Dies gilt nicht nur, wie hier dargestellt, bei einer Variation der Brennweite, sondern auch bei einer Variation der Bildfeldgröße.

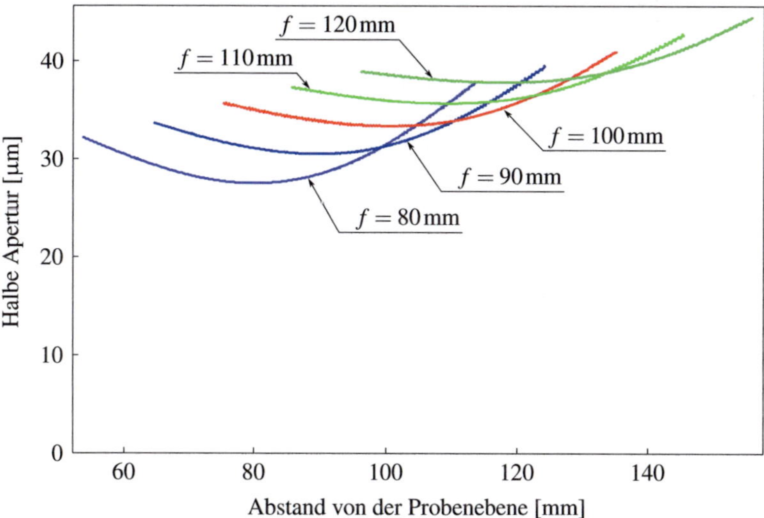

Abb. 4.11: Aperturverlauf von Taille-Linsen verschiedener Brennweiten f zur Abbildung eines $100\,\mu m \times 100\,\mu m$ großen Bildfelds mit einer Vergrößerung von 15

4.2 Berechnung und Charakterisierung von Taille-Linsen

Bei einer Taille-Linse werden die Aperturen der Linsenelemente so verändert, dass eine homogene Photonendichte im Randbereich der Linse erreicht wird. Als Randbereich s wird der äußerste Bereich eines jeden Linsenelements bezeichnet (siehe Abbildung 4.12). Seine Breite wird lokal, relativ zur Apertur jedes Linsenelements festgelegt (siehe Anhang B). Mit Hilfe dieser Definition kann die Photonendichteverteilung im Randbereich einer Linse berechnet werden.

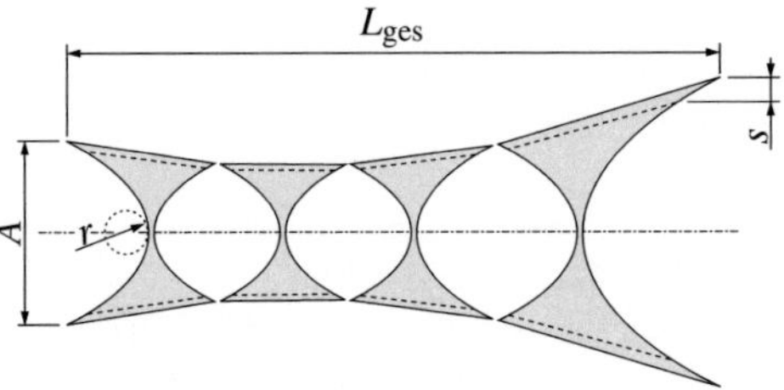

Abb. 4.12: Zeichnung einer Taille-Linse: A – Eingangapertur, L_{ges} – Linsenlänge, r – Radius im Parabelgrund, s – Breite des Randbereichs

Die Aperturen von Linsenelementen mit einer hohen Photonendichte im Randbereich werden vergrößert, die mit niedriger verkleinert. Durch die Anpassung der Aperturen ändert sich auch die Länge der Linsenelemente, wodurch sich deren Position in der Linse verschiebt. Folglich ändert sich auch die Lage der Hauptebenen. Deshalb muss die Gesamtlinse anschließend verschoben werden, um wieder den optimalen Abstand zwischen Probe und Linse einzustellen. Für dieses neu entstandene Linsendesign wird nun erneut die Photonendichteverteilung im Randbereich bestimmt und eine Anpassung der Aperturen durchgeführt. Der Prozess wird so lange wiederholt, bis die Varianz der Photonendichteverteilung im Randbereich einen Grenzwert unterschreitet und die Photonendichte im Randbereich als homogen betrachtet werden kann[1]. Die iterative Änderung der Aperturen kann im Anhang B nachvollzogen werden.

Mit dem Kriterium einer homogenen Photonendichteverteilung im Randbereich kann der Aperturverlauf einer Röntgenlinse an die jeweilige Anwendungssituation angepasst werden. Je nach Quellform, Quellgröße und Quellabstand erhält man unterschiedliche Linsenformen. Optimiert man mit dieser Methode beispielsweise eine Linse zur Abbildung einer Punktquelle, so ergibt sich ein Aperturverlauf, der identisch ist mit dem einer adiabatischen Linse. Adiabatische Linsen sind bekanntermaßen genau für diesen Anwendungsfall optimiert [35].

4.2.1 Strahlengang

Bei den bisherigen Betrachtungen wurde nur auf die Größe Akzeptanzwinkels eingegangen, nicht auf die Richtung des akzeptierten Winkelbereichs in Bezug zur optischen Achse. Zeichnet man für verschiedene Probenpunkte den obersten und untersten Strahl, der die Linse gerade noch passieren kann, erhält man die Darstellung in Abbildung 4.13. Der Bereich zwischen dem obersten und untersten Strahl entspricht dem Strahlenbündel, das von einem bestimmten Probenpunkt ausgehend die Linse durchläuft. Die Einhüllende aller Strahlen, welche die obere Linsenkante berühren, beschreibt die Aperturänderung entlang der optischen Achse. Entsprechendes gilt für die untere Linsenkante. In der Darstellung lässt sich für jeden Probenpunkt der Winkel des obersten und untersten Strahls ablesen. Die Differenz beider Winkel ergibt den Akzeptanzwinkel.

Die Winkel des obersten und untersten Strahls sowie der resultierende Akzeptanzwinkel sind in Abbildung 4.14 vergleichend für eine Taille-Linse und eine Linse mit konstanter Apertur in Abhängigkeit des Probenpunktabstands zur optischen Achse aufgetragen.

---

[1] Aufgrund begrenzter Rechenzeit hat im Rahmen dieser Arbeit eine feste Anzahl von Iterationen als Abbruchkriterium gewählt werden müssen.

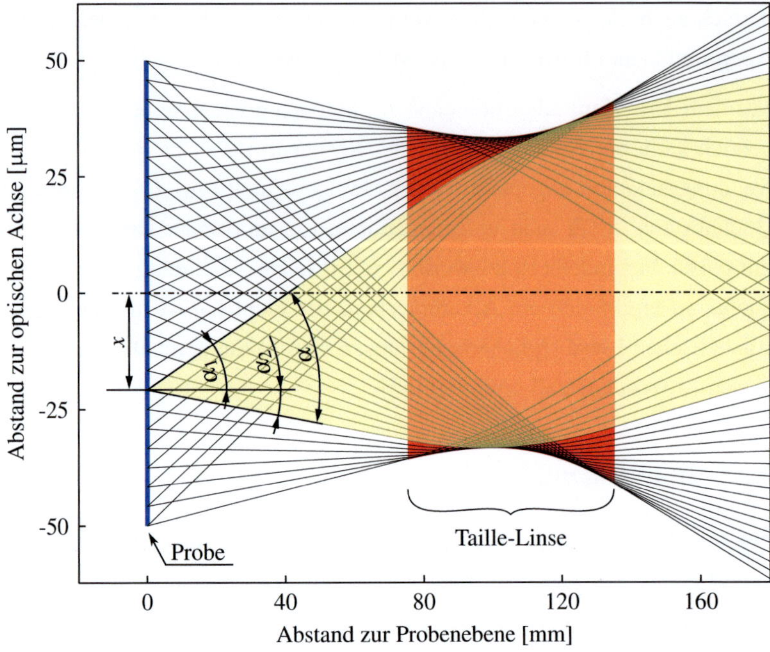

Abb. 4.13: Strahlengang in einer Taille-Linse: Durch die unterschiedliche Skalierung der Achsen sind die einzelnen Linsenelemente nicht erkennbar. Für verschiedene Probenpunkte ist jeweils der unterste und oberste Strahl eingezeichnet, der gerade noch die Linse passiert. Der Winkel zwischen diesen Strahlen wird als Akzeptanzwinkel α bezeichnet. Der gelbe Bereich repräsentiert alle Strahlen, die vom Punkt mit dem Abstand x zur optischen Achse ausgehend die Linse passieren [27].

Die Darstellung in Abbildung 4.13 in Verbindung mit Abbildung 4.14 ermöglicht einen detaillierteren Vergleich zwischen einer Linse mit konstanter Apertur und einer Taille-Linse bezüglich der durch die Taillenform hervorgerufenen Änderung des Akzeptanzwinkels. Dieser Vergleich soll beispielhaft anhand des in Abbildung 4.13 gelb hervorgehobenen Strahlenbündels erfolgen, das von einem Probenpunkt 20 μm unterhalb der optischen Achse ausgeht. Der oberste Strahl dieses Strahlenbündels berührt

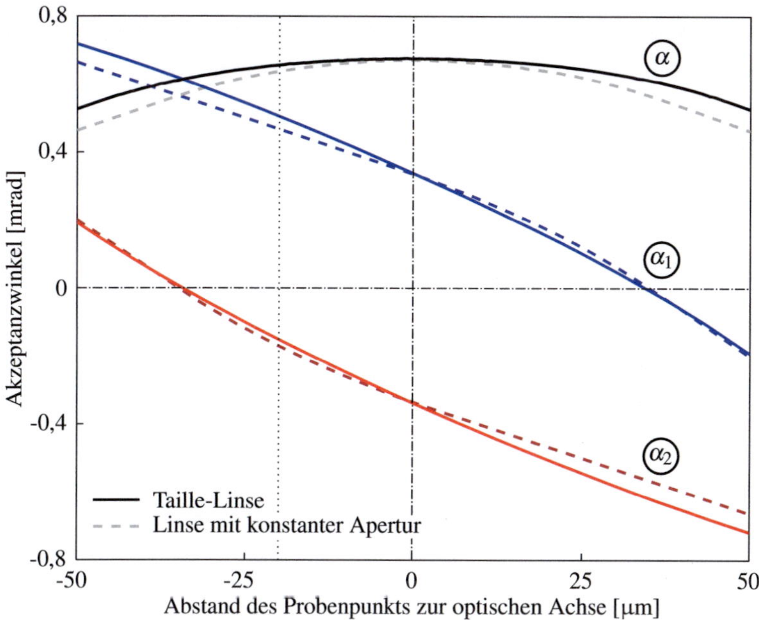

Abb. 4.14: Vergleich des Akzeptanzwinkels einer Taille-Linse und einer Linse mit konstanter Apertur in Abhängigkeit des Probenpunktabstands zur optischen Achse: Neben dem Gesamtakzeptanzwinkel (α) sind auch die Winkel des obersten (α_1) und untersten (α_2) Strahls eingezeichnet, die vom jeweiligen Probenpunkt ausgehend die Linse gerade noch passieren. Beide Linsen haben bei einer Photonenergie von 30 keV eine Brennweite von 100 mm [27].

die Oberkante der Linse nahe der Ausgangsapertur. Dort ist die Apertur der Taille-Linse größer als bei der Linse mit konstanter Apertur. Entsprechend ist der Winkel des obersten Strahls, ausgehend von einem Probenpunkt 20 μm unterhalb der optischen Achse, bei der Taille-Linse größer als bei der Linse mit konstanter Apertur (siehe Abbildung 4.14). Dadurch ist auch die Winkeldifferenz zum untersten Strahl größer. Dieser jedoch berührt die Taille-Linse an der Stelle mit dem kleinsten Durchmesser. Eine Linse mit konstanter Apertur weist an dieser Stelle eine größere Apertur

auf. Entsprechend ist der Winkel des untersten Strahls für diesen Probenpunkt bei der Taille-Linse größer als bei der Linse mit konstanter Apertur.
Dies ist nicht erwünscht, weil sich dadurch die Winkeldifferenz zum obersten Strahl verkleinert. Da jedoch die Winkeländerung des obersten Strahls
größer ist als die des untersten, ergibt sich auch für diesen Probenpunkt eine Verbesserung des Akzeptanzwinkels der Taille-Linse im Vergleich zur
Linse mit konstanter Apertur.

Eine Analyse des Strahlengangs in Abbildung 4.13 ermöglicht zudem eine Bestimmung der Punkte, an denen ein Strahlenbündel die Linsenapertur
berührt. Die Apertur dieser Linsenelemente schränkt den Akzeptanzwinkel
des zugehörigen Probenpunkts ein. Für Probenpunkte in der Bildfeldmitte
sind dies Linsenelemente in der Linsenmitte, für Probenpunkte am Bildfeldrand Linsenelemente am Anfang und Ende der Linse.

4.2.2 Vignettierung

Wie bereits erwähnt, ist der Akzeptanzwinkel für Probenpunkte am Bildfeldrand kleiner, als für Probenpunkte in der Bildfeldmitte. Dementspre-
chend erreichen von dort aus weniger Photonen den Detektor. Folglich ist
die Abbildung am Bildfeldrand dunkler. Dieser Effekt ist bei einer Linse
mit konstanter Apertur (siehe Abbildung 4.15 a) deutlich stärker ausgeprägt
als bei einer Taille-Linse (siehe Abbildung 4.15 b). Die Taille-Linse zeigt
neben der homogeneren Bildhelligkeit auch eine um 3 % gesteigerte Transmission.

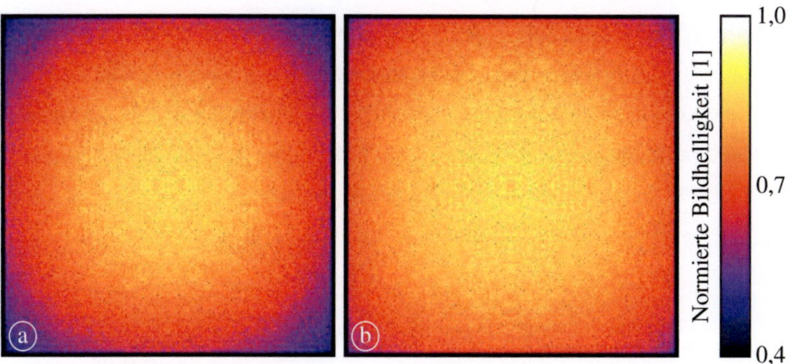

Abb. 4.15: Simulierte Bildhelligkeit einer Abbildung [27] mit: a) einer Linse mit konstanter Apertur und b) einer Taille-Linse; beide Linsen haben eine Brennweite von 100 mm bei 30 keV. Die quadratische, selbstleuchtende Probe mit 100 μm Kantenlänge ist jeweils 106,7 mm von der eingangsseitigen Hauptebene der Linsen entfernt. Dies entspricht der Gegenstandsweite bei einer Vergrößerung von 15.

4.2.3 Absorptionsbegrenzte Linsen

Die nutzbare Apertur absorptionbegrenzter Linsen ist nach Gleichung 2.7 definiert. Die Intensität von Strahlen, die die Linse außerhalb dieses Durchmessers passieren ist gering, aber nicht null. Bei der Auslegung von absorptionsbegrenzten Linsen stellt sich daher die Frage nach der optimalen realen Apertur. Als Beispiel soll hier eine Linse für eine Photonenenergie von 17,4 keV und ein Bildfeld mit 100 μm Kantenlänge ausgelegt werden[2].

Berücksichtigt man alle transmittierten Strahlen unabhängig von ihrer Intensität bei der Berechnung des Akzeptanzwinkels, ist dieser bei der Linse mit der größten Apertur am größten. Ein differenzierteres Ergebnis ergibt sich, wenn nur Strahlen einer gewissen Mindestintensität berücksichtigt werden. Eine sinnvolle Grenze bietet hier die Definition der absorptionsbegrenzten Apertur an. Bei der Berechnung des Akzeptanzwinkels in

---

[2]Eine Photonenenergie von 17,4 keV entspricht der K_α-Linie von Molybdän, das in vielen Röntgenröhren als Anodenmaterial verwendet wird.

Abbildung 4.16 sind daher nur Strahlen berücksichtigt, deren Intensität I größer ist als I_0/e^2, bezogen auf die Intensität I_0 des Strahls entlang der optischen Achse. In diesem Zusammenhang sei nochmals erwähnt, dass bei den geometrisch begrenzten Linsen bei 30 keV alle transmittierten Strahlen eine höhere Intensität als I_0/e^2 aufweisen.

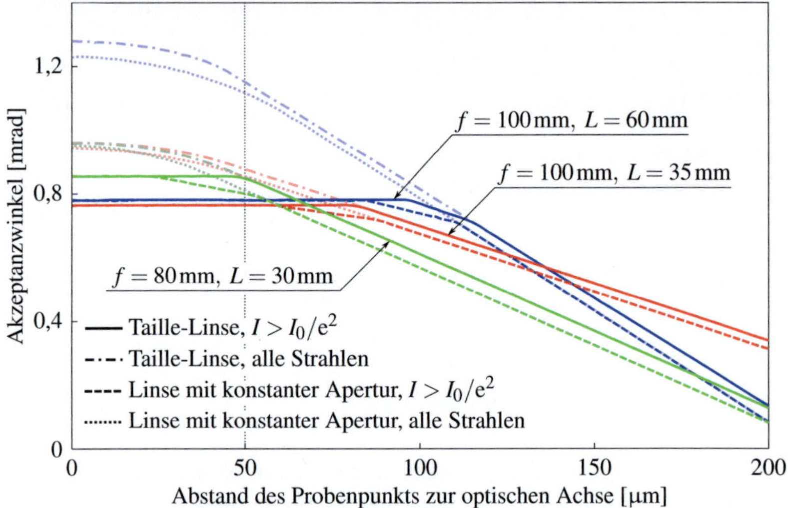

Abb. 4.16: Akzeptanzwinkel von Taille-Linsen mit verschiedenen Längen L und verschiedenen Brennweiten f zur Abbildung eines $100\,\mu m \times 100\,\mu m$ großen Bildfelds bei 17,4 keV mit einer Vergrößerung von 15; bei der Berechnung der durchgezogenen Linien sind nur Strahlen mit einer Mindestintensität von I_0/e^2 berücksichtigt. Die Strich-Punkt Linien deuten den Akzeptanzwinkel unter Berücksichtigung aller Strahlen an. Zum Vergleich sind auch die Akzeptanzwinkel der entsprechenden Linsen mit konstanter Apertur eingezeichnet.

Aufgrund des großen Parameterraums können hier nicht alle untersuchten Linsen, sondern nur drei repräsentative Beispiele miteinander verglichen werden. Da bei Taille-Linsen die Apertur entlang der optischen Achse variiert, ist eine Beschreibung anhand ihrer Apertur ungünstig. Die Linsen werden daher durch ihre Länge gekennzeichnet, die indirekt die Apertur festlegt. Bei allen drei Linsen ist die Apertur des kleinsten Linsenelements größer als die absorptionsbegrenzte Apertur (exakte Werte siehe Anhang C). Berücksichtigt man nur die Strahlen mit einer Mindestintensität von I_0/e^2, ist der Akzeptanzwinkel der beiden Linsen mit 100 mm Brennweite nahezu identisch. Der Einfluss der Strahlen mit geringerer Intensität auf die Abbildungsqualität kann mit dieser einfachen Rechnung nicht geklärt werden und soll daher im Experiment untersucht werden.

Bei den beiden Linsen mit 100 mm Brennweite ist der Akzeptanzwinkel über einen Bereich konstant, der deutlich größer ist als das geplante Bildfeld. Verglichen mit den Linsen für 30 keV weisen die Linsen für 17,4 keV eine relativ große Apertur auf. Daher ist es nicht überraschend, dass damit ein größeres Bildfeld abgebildet werden kann. Für das geplante Bildfeld von 100 μm × 100 μm ist bei dieser Photonenenergie eine kürzere Brennweite die bessere Wahl. Dies betätigt auch ein Vergleich mit der Linse mit nur 80 mm Brennweite. Diese Linse weist innerhalb des Bildfelds einen größeren Akzeptanzwinkel auf und der Bereich mit konstantem Akzeptanzwinkel endet an der Außenkante des Bildfelds.

4.3 Linsenfehler

Neben Beugung begrenzen Abbildungsfehler die erreichbare Auflösung (siehe Kapitel 2.3.1). Durch Abbildungsfehler werden die Strahlen eines Objektpunkts nicht exakt auf einen Bildpunkt abgebildet. Abbildung 4.17 zeigt den durchschnittlichen und den maximalen Abstand der Strahlen vom idealen Bildpunkt in der Bildebene für eine Linse mit 100 mm Brennweite bei 30 keV. Zur Berücksichtigung der Absorption ist eine dritte Kurve eingezeichnet, bei der nur Strahlen berücksichtigt sind, deren Intensität mindestens die Hälfte der Maximalintensität beträgt.

Selbst bei der Berücksichtigung aller Strahlen ungeachtet ihrer Intensität und Häufigkeit ist der Durchmesser des Streukreises kleiner als 10 nm. Da

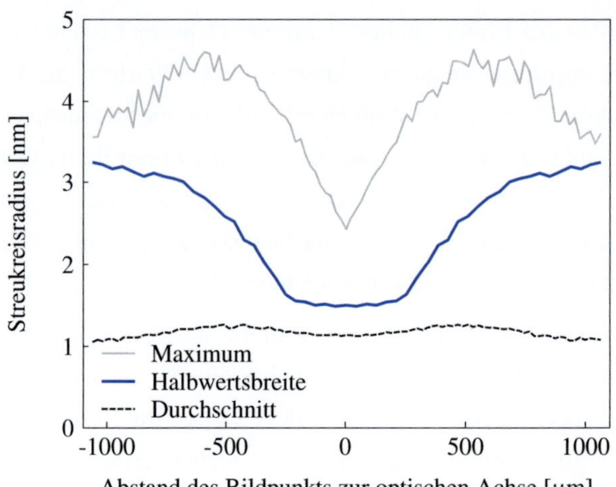

Abb. 4.17: Streukreisradius: Berechnet ist der Abstand der Strahlen eines Bildpunkts von der idealen Position in der Bildebene in Abhängigkeit der Entfernung des Bildpunkts zur optischen Achse entlang der Bilddiagonalen ohne Berücksichtigung von Beugungseffekten für eine Linse mit 100 mm Brennweite bei 30 keV und einer Vergrößerung von 15. Die Absorption in der Linse ist nur bei der Halbwertsbreite berücksichtigt.

dieser Wert deutlich kleiner ist als die beugungsbegrenzte Auflösung von 60 nm ist der Einfluss von strahlenoptischen Abbildungsfehlern wie Koma oder spärischer Aberration auf die Abbildungsqualität vernachlässigbar. Sollten im Experiment Abbildungsfehler erkennbar werden, so resultieren diese aus herstellungsbedingten Mängeln und nicht aus der theoretischen Geometrie der Linsen.

Zur Berechnung der Strahlaufweitung ist vollständig monochromatisches Röntgenlicht angenommen worden. Die Linsen sind jedoch nicht achromatisch. Damit die Strahlaufweitung durch chromatische Aberration nicht größer ist als die beugungsbegrenzte Auflösung von 60 nm bei 30 keV muss nach Gleichung 2.14 die Breite des Photonenenergiebereichs $\Delta E/E$ kleiner sein als $4{,}3 \cdot 10^{-4}$.

Zwei Aspekte, die durch die Berechnung des Streukreisdurchmessers nicht untersucht werden können, sind Bildfeldwölbung (siehe Abbildung 4.18) und Verzeichnung. Das Bild einer ideal ebenen Probe ist von der Probe aus gesehen konkav gekrümmt. Die Bildfeldwölbung einer Linse mit 100 mm Brennweite bei 30 keV ist mit weniger als 130 µm jedoch deutlich kleiner als die objektseitige Schärfentiefe von 674 µm nach Gleichung 2.12. Die bildseitige Schärfentiefe beträgt sogar 149 mm. Daher kann die Bildfeldwölbung in der mikroskopischen Abbildung nicht wahrgenommen werden. Die Verzeichnung resultiert, wie eine vergleichende Rechnung zeigt, aus der Bildfeldwölbung und der damit lokal geringfügig abweichenden Bildweite. Sie ist mit unter 1 ‰ vernachlässigbar gering.

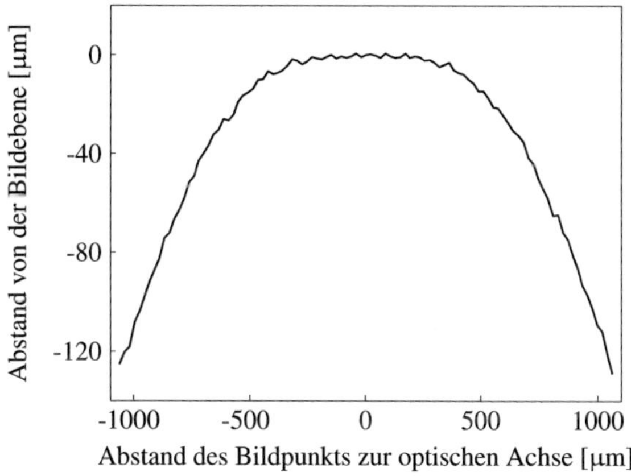

Abb. 4.18: Bildfeldwölbung: Position eines Bildpunkts in Strahlrichtung in Abhängigkeit seines Abstands zur optischen Achse

Die einzelnen Linsenelemente einer Röntgenlinse stehen nicht exakt auf einer Geraden, da die Maskenmembran während der lithographischen Strukturierung leicht durchgebogen ist (siehe Kapitel 6). Daraus resultiert eine Reduktion des Akzeptanzwinkels, die in Abbildung 4.19 dargestellt ist. Zur Berechnung sind die gemessenen Werte aus Abbildung 6.5 verwendet worden. Der Akzeptanzwinkel der Taille-Linse ist größer, als der der Linse mit konstanter Apertur, obwohl die Taille-Linse stärker gekrümmt ist. Insgesamt kann mit beiden Linsen trotz der Krümmung über das gesamte Bildfeld eine Auflösung von 100 nm erreicht werden. Hierzu ist ein Akzeptanzwinkel von mindestens 0,41 mrad notwendig.

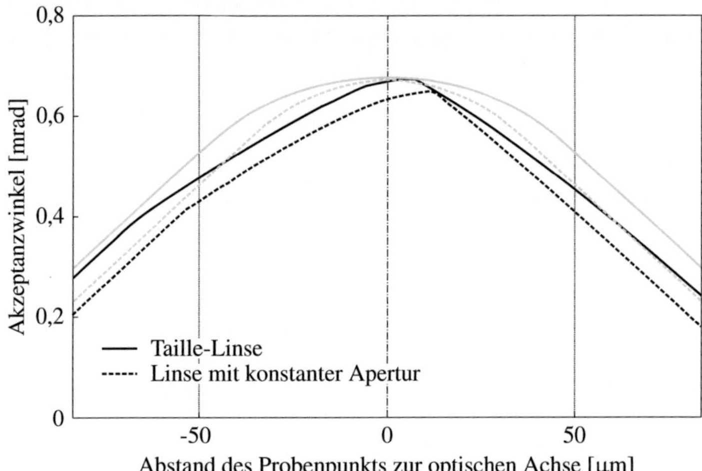

Abb. 4.19: Akzeptanzwinkel zweier Linsen, bei denen die Linsenelemente fertigungsbedingt nicht auf einer Geraden stehen; der Berechnung liegen die gemessenen Werte der beiden Linsen aus aus Abbildung 6.5 zugrunde. Die grauen Kurven zeigen zum Vergleich den Akzeptanzwinkel nicht gekrümmter Linsen

5 Kondensorlinse

Die Kondensorlinse hat die Aufgabe, die Probe zu beleuchten, indem sie möglichst viele Photonen einfängt und zur Probe lenkt. Durch einen höheren Photonenfluss in der Probenebene kann die Belichtungszeit reduziert werden. Zudem kann durch eine konvergente, an den Akzeptanzwinkel der Objektivlinse angepasste Beleuchtung die Auflösung des Mikroskops verbessert werden (siehe Kapitel 2.3). Dabei ist eine homogene Ausleuchtung der Probe über das gesamte Bildfeld Voraussetzung für eine homogene Bildqualität. Wie in Kapitel 3.3 erläutert wird, kann dies an Synchrotronstrahlrohren am besten durch eine Prismenlinse erreicht werden.

Bci einer Prismenlinse, wie sie in Abbildung 5.1 a dargestellt ist, lenkt jede Prismenreihe das Röntgenlicht zur selben Stelle. Die Größe des Leuchtfelds ist dabei direkt von der Kantenlänge der Prismen abhängig. Da die Effizienz einer Prismenlinse mit abnehmender Kantenlänge steigt [37], sind größere Prismen zur Vergrößerung des Leuchtfelds nicht die beste Lösung. Durch mehrere identische Prismenreihen kann jedoch auch mit kleinen Prismen ein großes Feld homogen beleuchtet werden (siehe Abbildung 5.1 b). Nach einem ähnlichen Prinzip sind auch Zonenplatten aufgebaut, die zur Beleuchtung einer großen Fläche konzipiert sind [19].

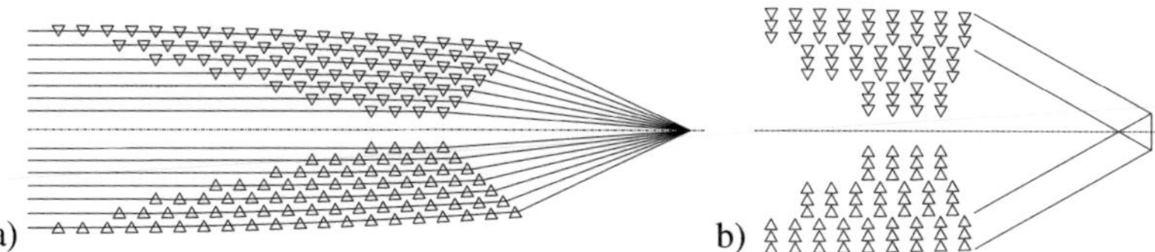

Abb. 5.1: Schematische Darstellung zweier Prismenlinsen a) für ein kleines Leuchtfeld [37] und b) für ein großes Leuchtfeld

5.1 Beleuchtungsmuster

Abbildung 5.2 zeigt die Beleuchtungswinkelverteilung in der Probenebene, bei der Verwendung einer, an die Objektivlinse angepassten, Kondensorlinse. Die Berechnung erfolgt unter der Annahme, dass jede Prismenreihe ein ideal paralleles Strahlenbündel erzeugt und Anzahl und Größe der Prismen beliebig gewählt werden können. Anders als bei abbildenden Linsen kann der Ausgangswinkel bei Prismenlinsen nur diskrete Werte annehmen und ist über die gesamte Höhe einer Prismenreihe konstant. Dies ist auch an den Ecken in der Kurve des Beleuchtungswinkels erkennbar. Als Beispiel dienten hier zwei Kondensorlinsen für 30 keV, eine mit 2 mm Apertur und 1,43 m Beleuchtungsweite und eine mit 800 µm Apertur und 540 mm Beleuchtungsweite.

Mit einem solchen, an die Objektivlinse angepassten, Beleuchtungsprofil wird jeder Probenpunkt aus mehreren Richtungen beleuchtet. Gleichzeitig kann das gesamte Licht, das von der Kondensorlinse zur Probe gelenkt wird, für die mikroskopische Abbildung genutzt werden. Bei einer größeren Kondensorlinse sind durch das größere Verhältnis von Apertur zu Bildfeld mehr Freiheiten zur Anpassung des Beleuchtungswinkels an den Akzeptanzwinkel der Objektivlinse vorhanden. Daher ist die Anpassung ist bei der Kondensorlinse mit 2 mm Apertur genauer als bei der Kondensorlinse mit 800 µm Apertur. Zudem kann mit der größeren Kondensorlinse mehr Licht eingefangen werden, was sich auch in der Anzahl der Strahlen bemerkbar macht, mit der jeder Probenpunkt beleuchtet wird (siehe Abbildung 5.3). Aus diesen Gründen ist es vorteilhaft, eine Kondensorlinse mit möglichst großer Apertur zu verwendet werden. Die Apertur wird allerdings durch den in der Strahlhütte verfügbaren Platz begrenzt, da eine große Apertur auch eine lange Beleuchtungsweite erfordert (siehe Kapitel 3.1.2).

Zur Beleuchtung des Bildfeldrands müssen die Strahlen stärker abgelenkt werden als zur Beleuchtung der Bildfeldmitte. Dazu sind mehr Prismen notwendig, was mit einer höheren Absorption in der Kondensorlinse ver-

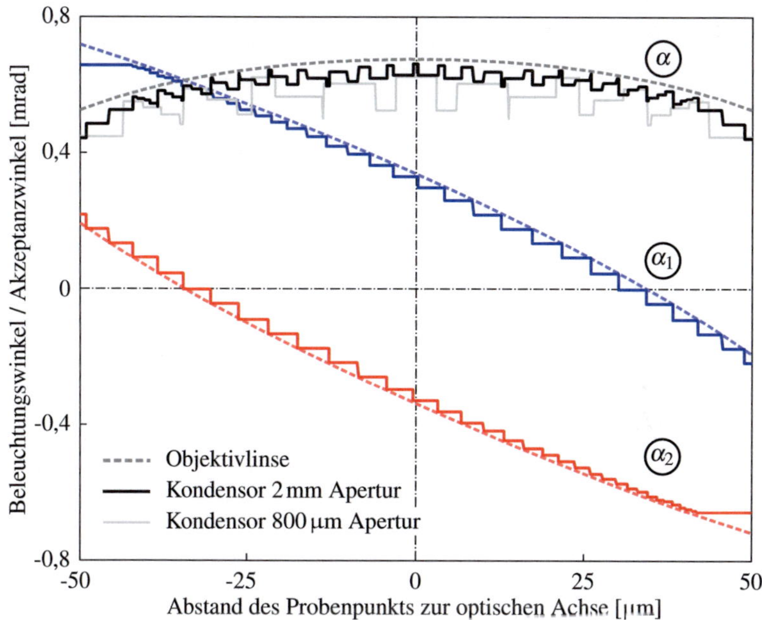

Abb. 5.2: Beleuchtungswinkel einer Kondensorlinse für 30 keV in Abhängigkeit des Probenpunktsabstands zur optischen Achse im Vergleich zum Akzeptanzwinkels der zugehörigen Objektivlinse aus Abbildung 4.14; Neben dem Gesamtwinkel (α) sind auch die Winkel des obersten (α_1) und untersten (α_2) Strahls eingezeichnet, die den jeweiligen Probenpunkt beleuchten. Die Kondensorlinse mit 2 mm Apertur hat einen Arbeitsabstand von 1,43 m. Von der Kondensorlinse mit 800 µm Apertur und 540 mm Beleuchtungsweite ist nur der Gesamtakzeptanzwinkel eingezeichnet.

bunden ist. Zur Kompensation ist in diesem Beleuchtungsmuster vorgesehen, den Bildfeldrand mit mehr Strahlen zu beleuchten als die Bildfeldmitte (siehe Abbildung 5.3). Bei der Kondensorlinse mit 800 µm Apertur ist das nur minimal ausgeprägt, da bei dem geringen Größenunterschied von Apertur und Bildfeld nur wenige Variationsmöglichkeiten bestehen.

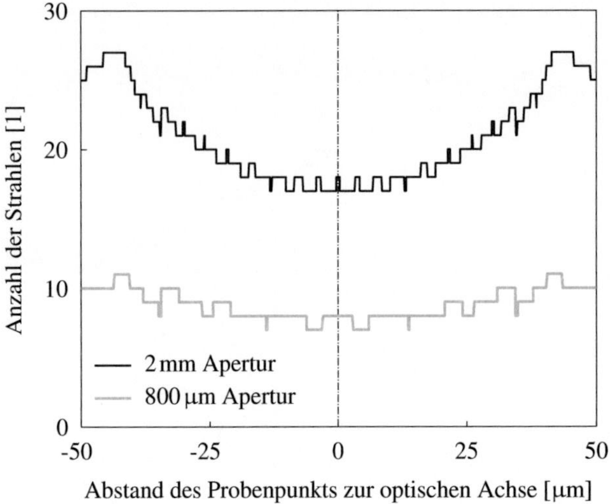

Abb. 5.3: Anzahl der Strahlen pro Probenpunkt in Abhängigkeit des Probenpunktabstands zur optischen Achse ohne Berücksichtigung der Absorption in der Kondensorlinse

5.2 Anforderungen an die Kondensorlinse

Eine Kondensorlinse, die das beschriebene Beleuchtungsmuster erzeugt, muss den in Abbildung 5.4 gezeigten Ausgangswinkelverlauf aufweisen. Die Größe der Bereiche mit gleichem Ausgangswinkel nimmt zum Linsenrand hin ab und muss beim Design einer Kondensorlinse noch an die reale Position und Größe der Prismenreihen angepasst werden.

Mit röntgentiefenlithographisch hergestellten Prismenlinsen stehen viele Freiheitsgrade zur Gestaltung des Strahlprofils zur Verfügung. So kann beispielsweise Größe, Ausrichtung und Position der einzelnen Prismen individuell an den Strahlverlauf in der Linse angepasst werden. Da jedoch bereits die Herstellung der vergleichsweise robusten Parabollinsen mit Schwierigkeiten verbunden ist (siehe Kapitel 6), sind im Rahmen dieser Arbeit Rolllinsen zur Beleuchtung verwendet worden. Diese können am IMT zuverlässig hergestellt werden. Zur Fertigung einer Rolllinse ist auf Grundlage dieser Berechnungen ein ähnliches Beleuchtungsmuster erarbeitet worden, das auch den opaken Kern der Rolllinse berücksichtigt.

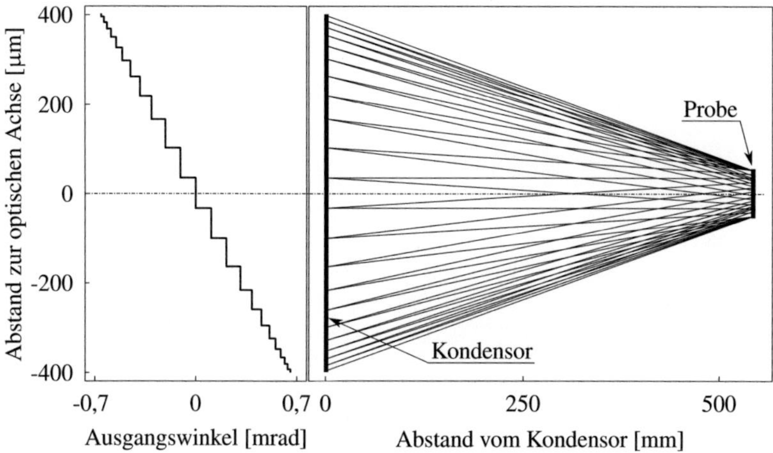

Abb. 5.4: Ausgangswinkel und Strahlprofil einer Kondensorlinse mit 800 μm Apertur zur Beleuchtung eines Bildfels mit 100 μm Kantenlänge

6 Fertigungsverfahren

Zur Herstellung von refraktiven Röntgenlinsen sind aufgrund ihrer geringen Größe und der erforderlichen hohen Genauigkeit besondere Fertigungsverfahren notwendig. Ein geeignetes Verfahren ist die Röntgentiefenlithographie, die es ermöglicht kleine Strukturen mit hohem Aspektverhältnis herzustellen. Extrusionen nahezu beliebiger Grundflächen können mit diesem Fertigungsverfahren mit hoher Genauigkeit und geringer Seitenwandrauheit gefertigt werden.

Bei der Röntgentiefenlithographie wird ein Photolack mit Röntgenstrahlung durch eine Absorbermaske belichtet. Die wichtigen Prozessschritte, wie sie im Rahmen dieser Arbeit zur Herstellung von Parabollinsen durchgeführt worden sind, werden im Abschnitt 6.1 dargestellt. Eine ausführlichere Beschreibung der Röntgentiefenlithographie als Teil des LIGA-Prozesses (**L**ithographie, **G**alvanik und **A**bformung), sowie der Vor- und Nachteile dieses Fertigungsverfahrens findet sich in der Literatur [17, 28, 33]. Die zur Herstellung von Röntgenlinsen notwendigen Abweichungen vom üblichen Prozess werden in Kapitel 6.2 beschrieben.

Auf die Herstellung von Rolllinsen durch Aufrollen einer strukturierten Folie wird im Rahmen dieser Arbeit nicht genauer eingegangen. Der Prozess ist jedoch in der Literatur [37, 47] ausführlich beschrieben.

6.1 Röntgentiefenlithographische Herstellung von Röntgenlinsen

Zur Herstellung von Strukturen durch Röntgentiefenlithographie wird eine Absorbermaske benötigt. Dazu wird zunächst das gewünschte Layout mittels Elektronenstrahllithographie in eine Zwischenmaske überführt. Die Zwischenmaske wird dann röntgenlithographisch in eine Arbeitsmaske umkopiert. Die Arbeitsmaske weist eine dickere Absorberschicht auf als die Zwischenmaske und ist damit zur röntgentiefenlithographischen Strukturierung dicker Schichten geeignet. Abbildung 6.1 zeigt eine Übersicht der wichtigsten Prozessschritte von der Maskenfertigung bis zur Linsenherstellung.

Zur Herstellung einer Zwischenmaske wird ein Siliziumwafer mit einer Trennschicht aus Kohlenstoff beschichtet, die es später ermöglicht die fertige Zwischenmaske vom Trägersubstrat zu trennen. Auf den Kohlenstoff wird als Maskenmembran eine Titanschicht aufgebracht. Nun wird eine dünne Schicht aus PMMA (Polymethylmethacrylat) aufgeschleudert und mit dem Elektronenstrahlschreiber partiell belichtet. Bei der anschließenden Entwicklung werden die belichteten Bereiche der PMMA-Schicht nasschemisch herausgelöst. Die dadurch entstehenden Löcher in der PMMA-Schicht werden durch galvanisches Abscheiden mit einer circa $2{,}2\,\mu$m dicken Goldschicht gefüllt. Nach der Galvanik wird der Rest der PMMA-Schicht entfernt und ein Rahmen auf die Titanschicht geklebt. Danach wird die Titanschicht an der Außenkante des Rahmens eingeschnitten und die fertige Zwischenmaske vom Substrat abgehoben.

Mit der Zwischenmaske kann nun eine Arbeitsmaske mit deutlich dickeren Absorberstrukturen hergestellt werden. Als Arbeitsmaskensubstrat dient eine Stahlplatte aus einer Invarlegierung, mit der eine bessere Ebenheit der Maske erreicht werden kann, als mit dem alternativ möglichen Siliziumsubstrat [29]. Eine hohe Ebenheit der Maskenmembran ist bei schräger Belichtung besonders wichtig (siehe Kapitel 6.2). Das Invarsubstrat wird mit Titan und anschließend mit PMMA beschichtet. Die PMMA-Schicht ist bei der Arbeitsmaske deutlich dicker als bei der Zwischenmaske und wird daher nicht mit dem Elektronenstrahlschreiber, sondern röntgenlithographisch durch die Zwischemaske belichtet. Hier sind insgesamt drei Belichtungen notwendig, zwei zur Strukturierung unter $+45°$ und $-45°$ und eine senkrecht zur Belichtung des Maskenrands (siehe Kapitel 6.2.3). Bei der anschließenden Entwicklung werden die belichteten Bereiche nasschemisch entfernt. Um die verbliebenen Strukturen herum wird nun eine circa $25\,\mu m$ dicke Goldschicht aufgalvanisiert. Nach dem Entfernen des verbliebenen PMMAs wird die Maske freigeätzt. Dabei wird die stabilisierende Invarschicht auf der Rückseite der Titanmembran entfernt, so dass nur ein Invarrahmen zurückbleibt, der die Maskenmembran aufspannt.

Mit der Arbeitsmaske kann nun die eigentliche Linsenherstellung durch Röntgentiefenlithographie erfolgen. Als Substrat wird ein Siliziumwafer mit einer $400\,\mu m$ dicken mr-L-Schicht verwendet. Zur Strukturierung sind zwei Belichtungen unter $+45°$ und $-45°$ notwendig. Beim anschließenden Temperprozess vernetzen die belichteten Bereiche. Danach werden die nicht vernetzten, unbelichteten Bereiche nasschemisch entfernt. Zurück bleiben die fertigen, freistehenden Röntgenlinsen auf dem Siliziumwafer.

6.2 Besonderheiten bei der Röntgentiefenlithographie mit schräger Bestrahlung

Die Membran einer Zwischen- oder Arbeitsmaske muss für das zur Belichtung verwendete Wellenlängenspektrum möglichst transparent sein. Am IMT ist es üblich, Titanmembranen mit nur $2{,}7\,\mu m$ Dicke zu verwenden. Bei einer Größe von $23\,mm \times 63\,mm$ ist eine solche Membran sehr fragil. Schon eine geringe Krafteinwirkung führt zu Abweichungen von der ideal planen Form. Bei senkrechter Bestrahlung resultiert eine Maskendurchbiegung von wenigen Mikrometern nur in einer vernachlässigbar kleinen lateralen Verschiebung der Absorberstrukturen. Bei schräger Bestrahlung wird

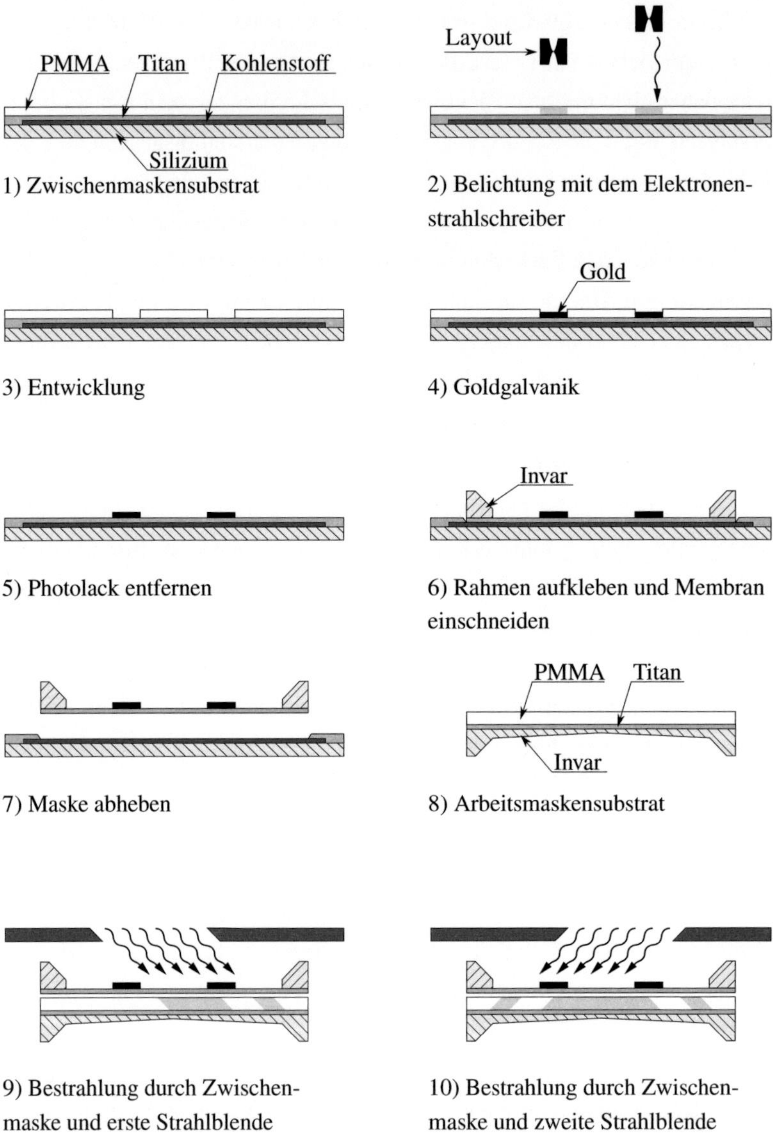

PMMA
Titan
Kohlenstoff
Silizium
1) Zwischenmaskensubstrat
Layout
2) Belichtung mit dem Elektronenstrahlschreiber
3) Entwicklung
Gold
4) Goldgalvanik
5) Photolack entfernen
Invar
6) Rahmen aufkleben und Membran einschneiden
7) Maske abheben
PMMA
Titan
Invar
8) Arbeitsmaskensubstrat
9) Bestrahlung durch Zwischenmaske und erste Strahlblende
10) Bestrahlung durch Zwischenmaske und zweite Strahlblende

Abb. 6.1: Prozessschritte bei der röntgentiefenlithographischen Herstellung von Röntgenlinsen

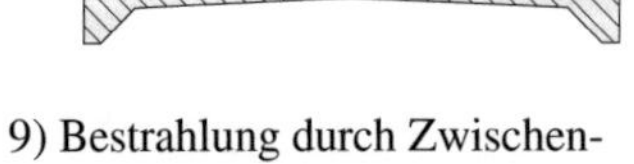

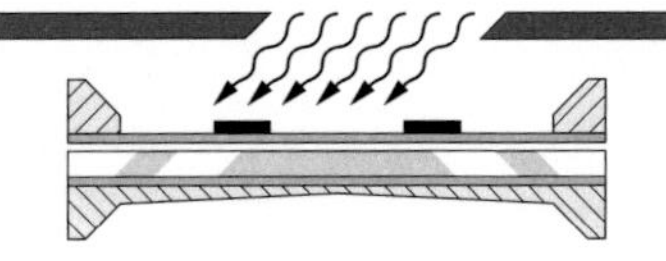

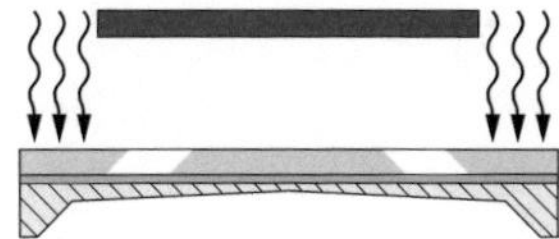

11) Randbestrahlung mit Zentralblende

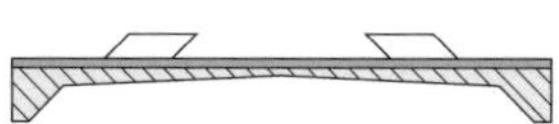

12) Entwicklung

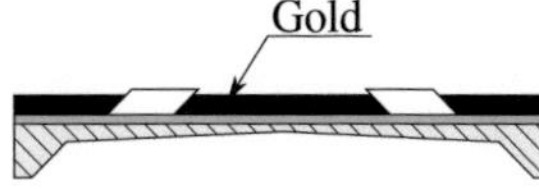

13) Goldgalvanik

14) Photolack entfernen

15) Maske freiätzen

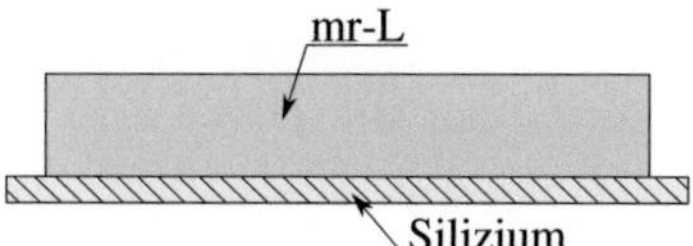

16) Röntgenlinsensubstrat

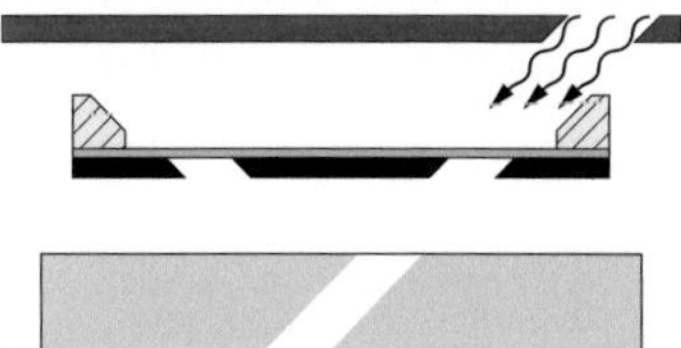

17) Bestrahlung durch Arbeitsmaske und erste Strahlblende

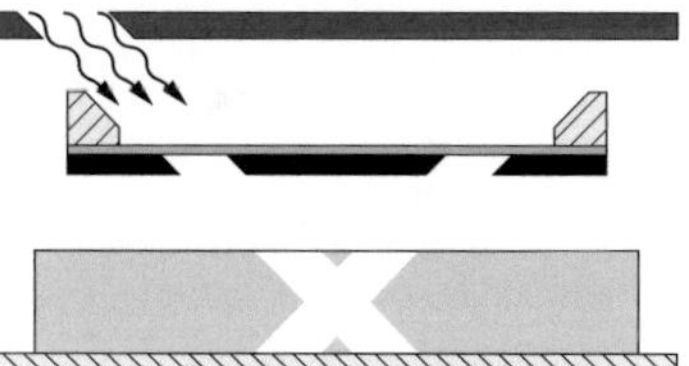

18) Bestrahlung durch Arbeitsmaske und zweite Strahlblende

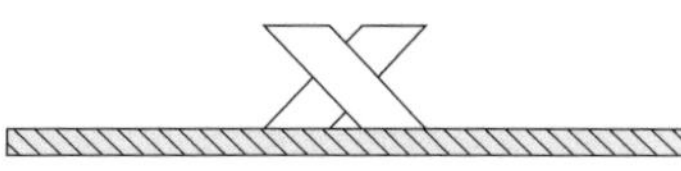

19) Entwicklung

jedoch jede Durchbiegung direkt auf das Substrat abgebildet. Bei Röntgenlinsen wirkt sich dies vor allem auf die Position der Linsenelemente aus, so dass diese nicht mehr auf einer Geraden entlang der optischen Achse stehen. Dadurch wird die nutzbare Linsenapertur und folglich die Abbildungsqualität reduziert. Um die Durchbiegung der Maske möglichst gering zu halten, sind neben einem besonders sorgfältigen Einbau der Maske weitere Maßnahmen notwendig, die im Folgenden beschrieben werden.

6.2.1 Strahlblenden

Alle Linsenelemente einer Röntgenlinse sind im Layout sowie auf Zwischen- und Arbeitsmaske angelegt. In einem Bestrahlungsschritt unter $45°$ soll aber nur eine Hälfte der Linsenelemente bestrahlt werden. Die andere Hälfte wird im nächsten Schritt aus einer anderen Richtung belichtet. Um diese selektive Belichtung zu ermöglichen, muss die Maske während der Bestrahlung teilweise mit zusätzlichen Strahlblenden abgeschattet werden. Eine solche Strahlblende für eine Bestrahlung unter $45°$ ist in Abbildung 6.2 dargestellt. Die Abstände zwischen den Schlitzen sind teilweise kleiner als die Dicke der Strahlblende, weshalb die Schlitze unter $45°$ erodiert werden müssen.

Damit die Strahlblenden ihre Funktion optimal erfüllen, müssen Form und Position der Schlitze mit einer Toleranz von $\pm0{,}05\,\mathrm{mm}$ relativ zur Maske stimmen. Dazu ist zum einen eine entsprechend genaue Fertigung und zum anderen eine entsprechend genaue Positionierung der Strahlblenden notwendig.

Bei der Fertigung der Strahlblenden durch Drahterodieren besteht die größte Herausforderung darin, eine Verformung der dünnen Stege durch innere Materialspannungen zu verhindern. Dies ist erst durch die Verwendung von Blechen aus der gehärteten Messinglegierung M33 CU ZN33[1] möglich geworden. Diese Bleche zeichnen sich neben den geringen Eigenspannungen

---

[1] Firma Nicrom, Schweiz

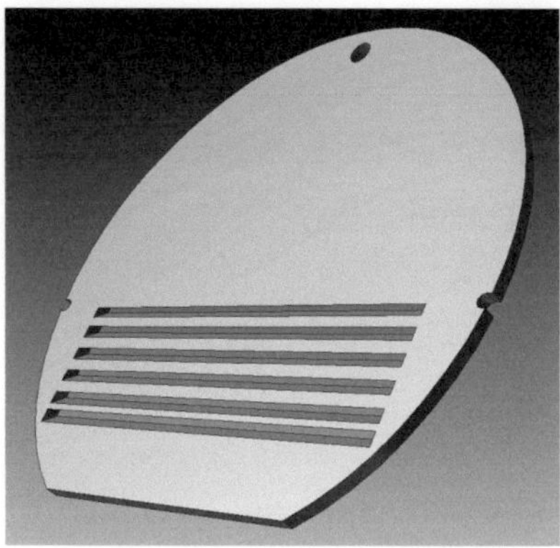

Abb. 6.2: Strahlblende zur selektiven Belichtung unter 45°

durch eine hohe Ebenheit aus, so dass eine Fertigung mit ausreichender Genauigkeit möglich ist.

Bei der Bestrahlung wird die Maske in einen Maskenhalter eingebaut, an dem auch die Strahlblenden befestigt werden. Die Positionierung der Strahlblenden erfolgt über Passstifte im Maskenhalter. Die Maske wird in eine rechteckige Tasche auf der anderen Seite des Halters eingebaut. Die resultierende Positioniergenauigkeit zwischen Strahlblende und Maske wird maßgeblich durch das Spiel zwischen Maskenrahmen und Maskenhalter bestimmt. Zur Verbesserung der Positioniergenauigkeit ist der in Abbildung 6.3 dargestellte Maskenhalter konstruiert worden. Dort sind in die Tasche für die Maske seitliche Anschläge eingearbeitet. Durch Schrauben von der Gegenseite kann die Maske gegen die Anschläge gedrückt und so spielfrei positioniert werden.

6.2.2 Layout

Die Absorberstrukturen auf der Zwischenmaske haben senkrechte Seitenwände. Bei der Arbeitsmaske sind jedoch Seitenwände erforderlich, die

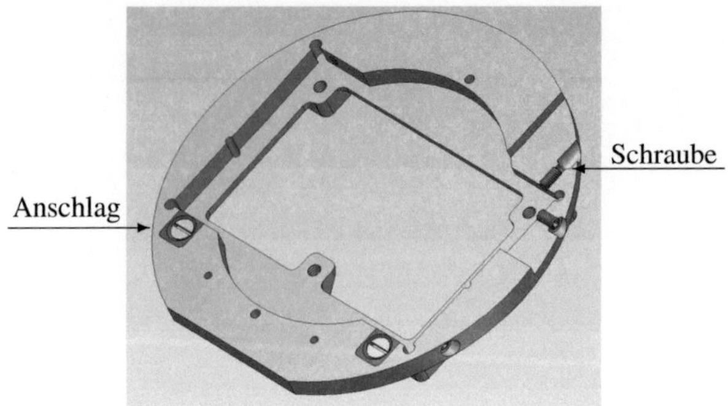

Abb. 6.3: Maskenhalter für die Röntgentiefenlithographie

parallel zur späteren Bestrahlungsrichtung stehen, um eine ausreichend hohe Kontraststeilheit zu erreichen. Daher erfolgt die Belichtung des Photolacks bei der Arbeitsmaskenherstellung unter $\pm45°$. Nutzt man den Schattenwurf einer senkrechten Struktur zur schrägen Belichtung, wird die Kontur auf der einen Seite durch die Oberkante und auf der anderen Seite durch die Unterkante der Absorberstrukturen definiert.

Unter $45°$ betrachtet ist die Dicke einer senkrechten Struktur am äußersten Ende einer Kante null. Dort wird die Röntgenstrahlung somit nicht ausreichend absorbiert. Mit zunehmendem Abstand von der Kante nimmt die Dicke des absorbierenden Materials zu. Dies führt dazu, dass sich der Schatten einer solchen Kante nicht als klare Linie sondern als Gradienten abzeichnet. Zum Erstellen des Layouts muss jedoch eine exakte Linie definiert werden. Hier ist unter Berücksichtigung des Strahlspektrums an ANKA, Litho 1 und der Eigenschaften des Photolacks eine Golddicke von 100 nm als Übergang von ideal transparent zu ideal absorbierend definiert und entsprechend über einen Vorhalt im Layout der Röntgenlinsen berücksichtigt worden.

6.2.3 Arbeitsmaske

Bei der Herstellung der Arbeitsmaske werden Teile des PMMAs durch die beiden Bestrahlungen unter $\pm 45°$ doppelt belichtet. Dadurch wird dort die obere Grenzdosis überschritten und es bilden sich Blasen im Photolack. Da in diesen Bereichen der Photolack bei der Entwicklung aufgelöst wird, hat dies jedoch keinen direkten Einfluss auf die Qualität der Strukturen. Die Blasen können aber so groß werden, dass sie die Membran der Zwischenmaske berühren und leicht verformen. Um dies zu vermeiden, ist der Abstand zwischen der Zwischenmaske und der PMMA-Schicht des Arbeitsmaskensubstrats von den üblichen 7,5 µm auf 60 µm vergrößert worden.

Das galvanische Abscheiden der Goldschicht erfolgt bei 55 °C. Durch die thermische Ausdehnung entstehen beim Abkühlen auf Raumtemperatur Zugspannungen. Diese führen bei Arbeitsmasken, die eine so große zusammenhängende Goldschicht aufweisen, wie dies für die Herstellung von Röntgenlinsen notwendig ist, zu einer großen Belastung der Titanmembran. Vor allem in dem Bereich zwischen Layoutfläche und Maskenrahmen, wo sich keine Goldschicht befindet und die Spannungen nur durch die Titanschicht gehalten werden, entstehen oft Risse. Um dies zu verhindern, wird nach den beiden Strukturierungen eine dritte Bestrahlung mit einer Zentralblende zur Belichtung des Maskenrands durchgeführt. Dadurch ist der Maskenrand nach der Entwicklung frei von Photolack und die Goldschicht reicht nach der Galvanik bis auf den Maskenrahmen. Die wesentlich dickere Goldschicht kann die Spannungen in der Maske deutlich besser aufnehmen als die Titanschicht und die Maske ist somit stabiler.

6.2.4 Bestrahlung der Linsensubstrate

Auch mit einer ebenen Arbeitsmaske und sorgfältigem Einbau stehen die Linsenelemente nach der Bestrahlung des Substrats nicht auf einer Geraden. Zudem können Abweichungen in der Geometrie der Linsenelemente auftreten. Ein Grund hierfür ist der Wärmeeintrag in die Arbeitsmaske während der Bestrahlung, durch den sich die Maskenmembran ausdehnt und verformt.

Zur Reduzierung des Wärmeeintrags wird die Bestrahlung mit Beamstop und Aluminiumfilter durchgeführt. Ein Beamstop ist eine Kupferplatte, die horizontal mittig im Strahl positioniert wird und den mittleren Teil des Strahls absorbiert. Dadurch wird zum einen die Intensität deutlich reduziert und zum anderen die spektrale Zusammensetzung des Strahls verändert. Strahlen mit hoher Photonenenergie weisen eine geringere Divergenz auf als Strahlen mit niedriger Photonenenergie und werden deshalb zu einem größeren Anteil durch den Beamstop in der Strahlmitte absorbiert. Der Aluminiumfilter reduziert zusätzlich die Intensität der Strahlung.

Es ist üblich, den Abstand zwischen Arbeitsmaske und Substrat durch Kaptonstreifen einzustellen, die zwischen Photolack und Maskenrahmen gelegt werden. Nach der Bestrahlung sind dann allerdings deutliche Abdrücke der Kaptonstreifen im Photolack zu sehen. Wenn die Kaptonstreifen in den Photolack einsinken, führt dies zu einer Relativbewegung zwischen Arbeitsmaske und Photolack während der Bestrahlung und somit zu Fehlern in der Kontur der Linsenelemente. Außerdem ist die Dicke des Photolacks Schwankungen unterworfen, wodurch die Kraft, die über die Kaptonstreifen auf die Arbeitsmaske wirkt, nicht homogen verteilt ist. Dies kann zu einer minimalen Verformung der Maskenmembran führen.

Wird vor der Bestrahlung der Photolack auf dem Wafer außerhalb des Layoutfelds entfernt, ist es möglich, den Abstand zwischen Arbeitsmaske und Substrat durch Metallstreifen festzulegen, die zwischen Wafer und Maskenrahmen gelegt werden. Wafer, Metallstreifen und Maskenrahmen haben eine ausreichende Steifigkeit und Ebenheit, um ein Einsinken und eine ungleichmäßige Belastung des Maskenrahmens während der Bestrahlung zu verhindern. Zusätzlich kann mit dieser Methode eine hohe Parallelität zwischen Arbeitsmaske und Substrat erreicht werden.

Das Entfernen des Photolacks außerhalb des Layoutfelds vor der Bestrahlung kann nasschemisch durchgeführt werden. Dabei besteht jedoch die Gefahr, dass die Eigenschaften des verbleibenden Photolacks durch ungewollten Lösemitteleintrag negativ beeinflusst werden. Besser ist die Randentlackung mechanisch durchzuführen. Dazu wird der Wafer auf einer Heizplatte fixiert. Bei 65 °C erweicht mr-L und kann mit einem kalten, scharfen Beitel vom Wafer heruntergeschoben werden.

6.3 Alternative Fertigungskonzepte

Durch die in Kapitel 6.2 beschriebenen Maßnahmen hat die Abweichung der Position der Linsenelemente von einer Geraden von über 70 µm reproduzierbar auf unter 20 µm reduziert werden können (siehe Kapitel 6.4). Eine weitere Reduktion dieses Fehlers scheint mit dem aktuellen Fertigungsprozess nicht möglich zu sein, weshalb nach alternativen Strategien gesucht wird.

Eine Möglichkeit ist die Verwendung stabilerer Maskenmembranen. Die 2,7 µm dicke Titanmembran kann beispielsweise durch eine 100 µm dicke Siliziummembran ersetzt werden. Erste Experimente mit solchen Membranen sind auf den Weg gebracht worden, haben jedoch im Rahmen dieser Arbeit nicht abgeschlossen werden können.

6.3.1 Senkrechte Belichtung

Eine andere Möglichkeit zur Vermeidung der Schwierigkeiten bei der 45°-Bestrahlung ist, die Linsen senkrecht zu bestrahlen [22]. Da mit einer senkrechten Bestrahlung nur Linsenelemente gleicher räumlicher Orientierung zum Substrat gefertigt werden können, muss die Kombination von horizontalen und vertikalen Linsenelementen gesondert erfolgen. Hierzu werden die beiden Linsenhälften für horizontale und vertikale Fokussierung nebeneinander auf einem Substrat prozessiert. Zwischen den Linsenelementen einer Linsenhälfte bleibt jeweils eine Lücke in der Größe des zugehörigen Linsenelements der anderen Linsenhälfte. Nach der Entwicklung der Linsen wird der Siliziumwafer parallel zu den Linsenreihen in dünne Streifen geschnitten, so dass die einzelnen Linsenhälften von einander getrennt werden. Zwei solche Streifen können nun zu einer Linse mit Punktfokus zusammengesetzt werden. Abbildung 6.4 zeigt eine rasterelektronenmikroskopische Aufnahme einer solchen Linse.

Abb. 6.4: REM-Aufnahme einer senkrecht bestrahlten Röntgenlinse mit Punktfokus; die Linsenelemente sind 400 µm hoch und senkrecht zur optischen Achse 300 µm breit

Dieses Fertigungsverfahren bietet einige Vorteile. Zum einen stehen die Linsenelemente auf einer Geraden entlang der optischen Achse, selbst wenn die Arbeitsmaske bei der Bestrahlung leicht durchhängt. Zum anderen ist die Maßhaltigkeit und Oberflächenrauheit der Linsenelemente besser, da bei der Herstellung der Arbeitsmaske die Belichtung parallel zu den Seitenwänden der Absorberstrukturen auf der Zwischenmaske erfolgt. Zusätzlich wird die aufwändige Herstellung und Positionierung der Strahlblenden überflüssig. Ein Nachteil ist, dass ein Winkelfehler bei der Montage der beiden Linsenhälften zu Astigmatismus führt. Es ist jedoch möglich, die senkrechten Außenwände der einen Linsenhälfte auf das Siliziumsubstrat der andern Linsenhälfte zu legen, um den Winkel genau einzuhalten.

Senkrecht bestrahlten Linsen sollten aufgrund der beschriebenen Vorteile und der gemessenen Position der Linsenelemente bessere Abbildungseigenschaften haben als schräg bestrahlte. Beim Einsatz in der Röntgenmikroskopie ist jedoch mit keiner dieser Linsen eine so gute Abbildungsqualität erreicht worden wie mit den schräg bestrahlten Linsen (siehe Kapitel 8). Die Ursache hierfür hat im Rahmen dieser Arbeit nicht geklärt werden können. Eine mögliche Ursache könnte die schwankende Qualität des Photolacks sein. Da die senkrecht bestrahlten Linsen an verschiedenen Stellen auf dem Substrat prozessiert und dann zusammengesetzt werden, ist die Schwankung der optischen Eigenschaften möglicherweise größer als bei schräg bestrahlten Linsen, die an derselben Stelle prozessiert werden. Außerdem ist es denkbar, dass sich die Eigenschaften des Linsenmaterials sowie die Geometrie der Linsenelemente durch den Lithographieprozess von oben nach unten ändern. Bei den senkrecht bestrahlten Linsen werden für beide Linsenhälften Bereiche aus unterschiedlichen Höhen genutzt. Mit einer genauen Untersuchung der optischen Eigenschaften des Linsenmaterials soll beiden Vermutungen nachgegangen werden.

6.4 Qualitätskontrolle

Zur Qualitätskontrolle ist nach der Fertigung die Geometrie der Linsenelemente visuell mit einem Lichtmikroskop überprüft worden. Zur Messung der exakten Geometrie der parabelförmigen Oberflächen reicht die Messtoleranz eines Lichtmikroskops jedoch nicht aus. Eine Messung mit einem FIB (engl.: **F**ocused **I**on **B**eam) hat bis zum Abschluss dieser Arbeit nicht durchgeführt werden können. Somit ist die reale Geometrie der Linsenoberflächen nur indirekt über die Abbildungseigenschaften der Linse kontrolliert worden (siehe Kapitel 8).

Neben der Geometrie der Oberflächen ist die Position der Linsenelemente wichtig. Dazu ist alle 5 mm die Position eines Linsenelements mit einem Lichtmikroskop in allen drei Dimensionen gemessen worden (siehe Abbildung 6.5). Nach Abzug der lokalen Photolackhöhe ist die Schwankung senkrecht zum Substrat kleiner, als die Messtoleranz des Mikroskops. Folglich sind Wafer und Linsen während der Messung nicht verbogen gewesen und die Linsenkrümmung ist ausschließlich auf eine Krümmung der Maske oder des Substrats während der Bestrahlung zurückzuführen. In nicht eingebautem Zustand ist auch die verwendete Arbeitsmaske eben. Eine Verbiegung des Linsensubstrats während der Bestrahlung kann aktuell noch nicht ausgeschlossen werden, wird aber als unwahrscheinlich angesehen, da das Substrat deutlich stabiler ist als die Maskenmembran.

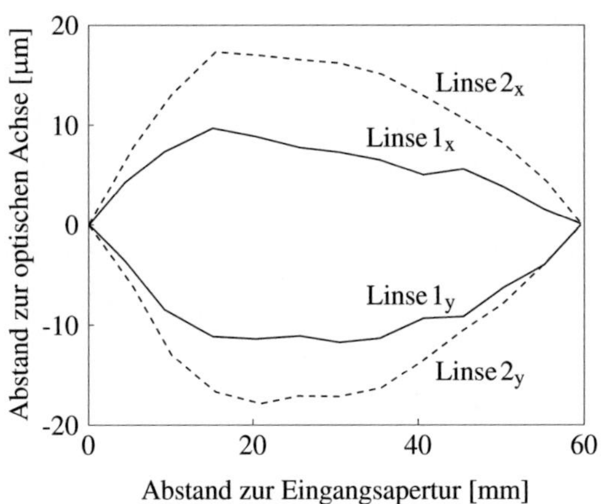

Abb. 6.5: Position der Linsenelemente zweier Linsen mit 100 mm Brennweite bei 30 keV relativ zur Position des ersten Linsenelements; die Messung der beiden Linsenhälften ist unabhängig von einander erfolgt. Linse 1 ist eine Linse mit konstanter Apertur, Linse 2 eine Taille-Linse.

Für die Anwendung in einem Röntgenmikroskop ist die Abweichung der Position der Linsenelemente senkrecht zur optischen Achse interessant. Da die Linsenelemente 45° schräg stehen, ist in Abbildung 6.5 der Abstand zur optischen Achse ebenfalls unter $45°$ aufgetragen. Die von oben gemessenen Werte sind um einen Faktor $\sqrt{2}$ größer. Der Abstand der Linsenelemente von ihrer idealen Position ist bei Linsen in der Layoutmitte größer als bei Linsen am Layoutrand. Aus dem Vergleich der beiden Hälften einer Linse geht hervor, dass sich die Maskenmembran während der Bestrahlung zum Substrat hin ausgebeult hat. Somit ist die Goldseite der Maske konvex und die Titanseite konkav gewesen. Da der thermische Ausdehnungskoeffizient von Gold höher ist als der von Titan, kann dies auf einen Bimetalleffekt zurückzuführen sein.

7 Systemintegration

Ein Mikroskop ist ein komplexes System, das nicht nur aus optischen Komponenten besteht. Für seine Funktion müssen Linsen, Probe und Detektor in eine geeignete mechanische Umgebung eingebunden werden, um sie exakt zueinander positionieren zu können. Besonders wichtig ist das Ausrichten der Linsen zur optischen Achse des Mikroskops und das Einstellen der Abstände zwischen den Komponenten. Hierzu werden Positioniertische verwendet, die auf einem stabilen Fundament befestigt sind. Tabelle 7.1 gibt einen Überblick zu den bei der Positionierung der Komponenten notwendigen Freiheitsgrade. Weitere Freiheitsgrade können hilfreich sein und die Funktionalität des Aufbaus erweitern.

Kondensorlinse	X, Y, Z, ROT_X, ROT_Y
Probe	X, Y, Z
Aperturblende	je zwei X, Y
Objektivlinse	X, Y, Z, ROT_X, ROT_Y
Detektor	X, Y, Z
Szintillator	Z

Tab. 7.1: Notwendige Freiheitsgrade für die Funktion eines Röntgenmikroskops; die horizontale Strahlachse ist mit Z bezeichnet, die Horizontale senkrecht zum Strahl mit X und die Vertikale mit Y. $ROT_{X,Y,Z}$ bezeichnet die Rotation um die entsprechenden Achsen.

Zur Positionierung der Komponenten sind motorisierte Positioniertische zu empfehlen. Weiterhin ist es hilfreich, wenn die Motoren automatisiert angesteuert und mit dem Detektor synchronisiert werden können. So kann eine

Serie von Bildern aufgenommen werden, um die besten Einstellungen zu finden oder einen größeren Bereich der Probe zu untersuchen.

Eine gutes Steuerungsprogramm sollte es ermöglichen, den Drehpunkt einer Rotationsbewegung frei zu wählen. Dadurch wird eine Rotation um das Zentrum der Linse möglich, was das Ausrichten deutlich vereinfacht. Bei parallelkinematischen Systemen, wie beispielsweise einem Hexapod, ist dies besonders gut gelöst. Diese Positioniersysteme gehören daher an vielen Strahlrohren zur Standardausrüstung.

Um die erforderliche Genauigkeit bei der Positionierung der Linsen zu erreichen, ist eine stabile Konstruktion notwendig. Oft werden die Positioniertische dadurch groß. Die Abstände der optischen Komponenten, die meist mittig auf den Positioniertischen montiert werden, können so nicht beliebig klein werden. Durch eine geeignete Konstruktion und Anordnung der Positioniertische muss dennoch sichergestellt werden, dass die erforderlichen kleinen Abstände zwischen den Komponenten erreicht werden können. Insbesondere zwischen Objektivlinse und Probe ist bei Mikroskopen ein kurzer Abstand notwendig, wenn eine hohe Vergrößerung erreicht werden soll. Oft wird dies erst durch Verlängerungsarme möglich, was sich jedoch negativ auf die Stabilität auswirkt. Besser ist es, die Positioniertische auf verschiedenen Seiten der optischen Achse zu montieren. Dies muss jedoch schon bei der Planung der Experimentierstation berücksichtigt werden.

Zum Ausrichten der optischen Komponenten ist es von Vorteil, wenn der Detektor über weite Strecken entlang der Strahlachse bewegt werden kann. Dadurch lässt sich der Strahlengang entlang der optischen Achse untersuchen. Die dabei gewonnenen Informationen sind wichtig, um Ausrichtung und Qualität der Linsen zu beurteilen. Für die Bewegung des Detektors ist es von Vorteil, wenn sich die einzelnen Positioniertische überholen können, um mehr Freiheit bei der Positionierung zu haben. Dies ist jedoch an den meisten Strahlrohren nicht möglich.

Trotz des kurzen Abstands, muss zwischen Probe und Objektivlinse die Aperturblende positioniert werden. Wenn die Aperturblende möglichst nah an der Eingangsapertur der Objektivlinse steht, muss die Blendenöffnung nicht so weit geschlossen werden, um alle störenden Strahlen abzufangen, wie bei einem größeren Abstand. Damit die Aperturblende zwischen Probe und Objektivlinse Platz findet, muss ihre Baulänge in Strahlrichtung möglichst kurz sein.

7.1 Positioniergenauigkeit

Die erforderliche Positioniergenauigkeit der Komponenten orientiert sich an den Auswirkungen von Positionierabweichungen auf die Bildqualität. Sie ist abhängig vom Vergrößerungsmaßstab und der damit verbundenen effektiven Pixelgröße an der jeweiligen Stelle im Mikroskop.

Bei translatorischen Bewegungen senkrecht zur optischen Achse ist die Positioniergenauigkeit der Aperturblende relativ zur Objektivlinse am kritischsten. Um alle störenden Strahlen abzufangen und gleichzeitig möglichst viel Licht durch die Objektivlinse zu lassen, müssen Größe und Position der Blendenöffnung möglichst genau an die Eingangsapertur der Objektivlinse angepasst werden. Für die Feinjustierung sind jedoch Schrittweiten von $1\,\mu m$ bis $2\,\mu m$ ausreichend. Bei kleineren Schritten sind keine Veränderung im Bild zu beobachten. Eine Positioniergenauigkeit von $1\,\mu m$ ist somit ausreichend, was mit den vielen Positioniersystemen möglich ist.

Ansonsten hat die Position der Komponenten senkrecht zur optischen Achse nur Einfluss auf die Position des Bildes auf dem Detektor bzw. auf den Bildausschnitt, nicht aber auf die Bildqualität. Eine Positioniergenauigkeit von einigen Mikrometern ist hier ausreichend. Damit ist die erforderliche translatorsiche Positioniergenauigkeit bei einem Vollfeldmikroskop wesentlich geringer als bei einem Rastermikroskop, bei dem diese im Bereich der effektiven Pixelgröße in der Probenebene liegen muss.

In Strahlrichtung ist die erforderliche Positioniergenauigkeit abhängig von
der Schärfentiefe der Objektivlinse. Um die Probe scharf abzubilden, muss
sie sich innerhalb des Schärfentiefebereichs befinden. Aufgrund der kleinen
numerischen Apertur von Röntgenlinsen ist der Schärfentiefebereich jedoch sehr groß. Die Linsen für 30 keV haben eine Schärfentiefe von 674 µm
(siehe Anhang C). In den Experimenten sind bei der kleinsten gewählten
Schrittweite zur Fokussierung von 200 µm nahezu keine Unterschiede bezüglich der Bildschärfe erkennbar gewesen.

Die rotatorische Positioniergenauigkeit beim Ausrichten der Linsen hat
einen stärkeren Einfluss auf die Bildqualität als die translatorische Positioniergenauigkeit. Wenn die optische Achse der Objektivlinse nicht parallel
zur optischen Achse des Mikroskops ausgerichtet ist, stimmt – von der
Objektivlinse aus gesehen – die reale Position des Bildfelds nicht mit der
idealen überein. Durch eine Verkippung der Objektivlinse um den Winkel Δ_α hat die optische Achse der Objektivlinse in der Probenebene einen
Abstand Δ_x von der optischen Achse des Mikroskops (siehe Abbildung
7.1). Dadurch sinkt die Auflösung in einem Teil des Bildfelds, wie in der
Darstellung des resultierenden Akzeptanzwinkels in Abbildung 7.2 deutlich wird.

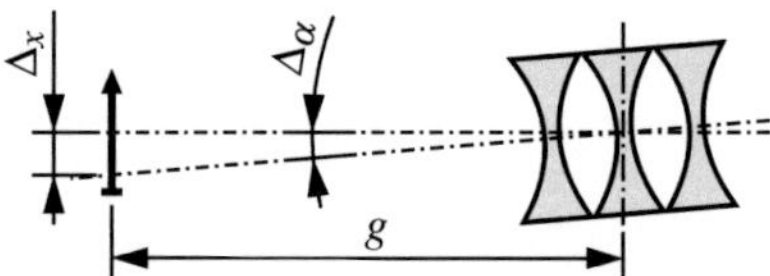

Abb. 7.1: Abweichung Δ_x der realen Probenposition von der für die Objektivlinse
optimalen durch eine Verkippung der optischen Achse der Objektivlinse
zur optischen Achse des Mikroskops um den Winkel Δ_α

Toleriert man eine maximale lokale Reduktion des Akzeptanzwinkels um
beispielsweise 10 %, so entspricht dies nach Abbildung 7.2 einem Abstand Δ_x von 8 µm. Daraus folgt, dass die maximale Verkippung Δ_α der

Objektivlinse zur Strahlachse 0,4 mrad (0,023°) nicht überschreiten darf. Bei den Experimenten sind teilweise deutlich kleinere Schrittweiten zur Feinjustierung gewählt worden, was auch mit vielen Positioniertischen möglich ist. Dabei sind zwar kleine Unterschiede zwischen den Aufnahmen erkennbar gewesen, jedoch keine nennenswerte Auswirkung auf die Auflösung.

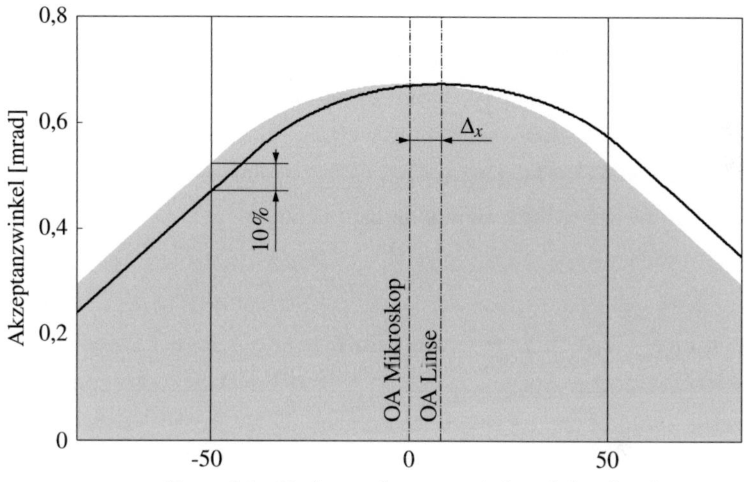

Abb. 7.2: Akzeptanzwinkel einer ungenau ausgerichteten Objektivlinse mit 100 mm Brennweite bei 30 keV; die graue Fläche zeigt den Akzeptanzwinkel bei optimaler Ausrichtung. Δ_x bezeichnet den Abstand der optischen Achse (OA) der Objektivlinse von der optischen Achse des Mikroskops in der Probenebene.

7.2 Vibrationen

Um periodische Linien mit vollem Kontrast auflösen zu können, sind pro Einheit aus Linie und Lücke mindestens vier Pixel notwendig [49]. Aus jeder Relativbewegung senkrecht zur optischen Achse zwischen Probe, Linse und Detektor während der Belichtungszeit resultiert jedoch ein Kontrastverlust. Bei einer linearen Relativbewegung ist der Kontrastverlust direkt proportional zur Größe der Relativbewegung normiert auf die Periode des Eingangssignals. Eine Relativbewegung um ein halbes Pixel führt bei vier Pixel pro Periode entsprechend zu einem Kontrastverlust von $1/8$ bzw. 12,5 %.

Kritisch ist vor allem die Relativbewegung zwischen Probe und Objektivlinse, da dort die effektive Pixelgröße am kleinsten ist (siehe Kapitel 3.1.1). Zur Auflösung von Linien mit 50 nm Breite und 100 nm Periode ist dort eine effektive Pixelgröße von 25 nm notwendig. Eine Relativbewegung zwischen Probe und Objektivlinse senkrecht zur optischen Achse um ein halbes Pixel entspricht dort einer Bewegung von 12,5 nm.

Vibrationen dieser Größenordnung zu vermeiden ist sehr anspruchsvoll. Allein das Regelungsrauschen von Positioniertischen liegt bereits in diesem Bereich [38]. Weiterhin führen alle Erschütterungen aus der Umgebung inklusive akustischer Schwingungen zu Vibrationen von Linse und Probe. An den Strahlrohren, an denen im Rahmen dieser Arbeit Versuche stattgefunden haben, gibt es Pumpen und Lüftungen, die Geräusche und Luftwirbel verursachen. Zudem ist die Objektivlinse meist auf einem Ausleger montiert gewesen, um den erforderlichen, kurzen Abstand zur Probe einzuhalten. Ein solcher Ausleger ist ein Schwingsystem, das die Wirkung von Vibrationen deutlich verstärkt. Unter solchen Bedingungen ist es nahezu unmöglich, die Relativbewegung zwischen Probe und Objektivlinse auf 12,5 nm zu beschränken.

So hat auch in den Experimenten der Einfluss von Vibrationen beobachtet werden können. Bei einem Experiment am Strahlrohr ID01 von ESRF (**E**uropean **S**ynchrotron **R**adiation **F**acility) ist anfangs nur eine Auflösung von 400 nm erreicht worden. Zudem sind zwischen den einzelnen Bildern auch bei unveränderten Einstellungen deutliche Unterschiede erkennbar gewesen. Die Objektivlinse ist auf einem langen, nicht besonders stabilen

Ausleger montiert gewesen. Nach einer mechanischen Stabiliserung des Aufbaus hat sich die Auflösung auf 200 nm verbessert.

Auch am Strahlrohr P05 von PETRA III (**P**ositron-**E**lektron-**T**andem-**R**ing-**A**nlage) gibt es Vibrationen. Im Augenblick laufen Messungen, um Amplitude, Frequenz und Entstehungsort der Vibrationen näher eingrenzen zu können. Erste Ergebnisse deuten jedoch bereits an, dass Vibrationen die Hauptursache sind, die ein Erreichen der rechnerisch möglichen Auflösung verhindert hat. Im Experiment machen sich Vibrationen durch kleine Unterschiede zwischen zwei in Folge aufgenommenen Bildern bemerkbar. In einzelnen Mikroskopiebildern zeigen sie sich häufig durch eine richtungsabhängige Auflösung. Dies ist beispielsweise in Abbildung 8.5 erkennbar, wo die senkrechten Linien schärfer abgebildet sind als die waagerechten.

8 Experimentelle Ergebnisse

Ziel der Experimente ist gewesen, das in den vorhergehenden Kapiteln konzipierte Röntgenmikroskop aufzubauen und seine Funktionsfähigkeit zu demonstrieren. Dabei sind die verschieden Linsen – soweit möglich – miteinander verglichen worden.

Zu Beginn jedes Experiments müssen die Komponenten entlang der Strahlachse ausgerichtet werden. Das grobe Ausrichten erfolgt für jede Komponente einzeln anhand ihres Transmissionsbilds (siehe Abbildung 8.1). Zur Feinjustierung wird die Ausrichtung einer Komponente anhand der Abbildungsqualität des Mikroskops beurteilt.

Nachdem alle Komponenten so ausgerichtet sind, dass die Probe scharf abgebildet wird, kann aus Bild- und Gegenstandsweite die reale Brennweite ermittelt werden. Bei allen untersuchten Linsen ist die Brennweite ungefähr 10 % kürzer gewesen als erwartet. Das liegt wahrscheinlich daran, dass sich die reale Brechzahl von der unterscheidet, die den Berechnungen zugrunde gelegen hat (siehe Anhang A). Es ist jedoch auch nicht auszuschließen, dass dafür eine Abweichung der Form der brechenden Oberflächen von der gewünschten Geometrie verantwortlich ist, auch wenn es hierfür keine Hinweise gibt. Die Ursache der Abweichung der Brennweite hat in den Experimenten nicht zweifelsfrei geklärt werden können. Weiterführende Versuche zur exakten Bestimmung der Brechzahl, mit denen dies möglich sein wird, sind jedoch geplant.

Am Strahlrohr P05 an PETRA III, an dem die meisten Versuche stattgefunden haben, liegt die Länge des Mikroskopaufbaus von der Kondensorlinse bis zum Detektor zwischen 3 m und 6,8 m. Die Länge ist abhänig von

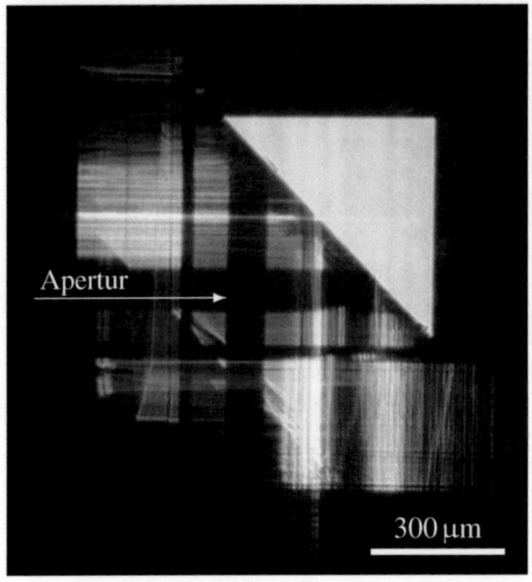

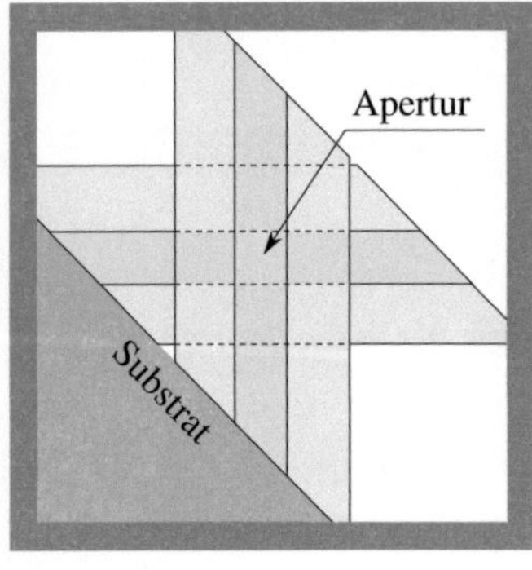

Abb. 8.1: Transmissionsbild (links) und Prinzipskizze (rechts) einer im Strahlengang ausgerichteten Objektivlinse bei 30 keV; die quadratische Apertur der Linse erscheint dunkel, da das Bild nicht in der Fokalebene aufgenommen ist.

der gewählten röntgenoptischen Vergrößerung und der verwendeten Kondensorlinse. Die röntgenoptische Vergrößerung kann zwischen 12 und 37 variiert werden.

8.1 Ausleuchtung des Bildfelds

Zur Beleuchtung der Probe wird eine Rolllinse verwendet, die für eine homogene Beleuchtung des gesamten Bildfelds ausgelegt ist. Allerdings lässt sich das gewünschte Beleuchtungsmuster fertigungstechnisch noch nicht fehlerfrei umsetzen. Dadurch kann bisher noch keine vollständig homogene Ausleuchtung erreicht werden. Teilweise sind die Intensitätsunterschiede durch die Kondensorlinse deutlich größer als die Absorptionsunterschiede durch die Probe. Dadurch ist die Probe nicht über das gesamte Bildfeld erkennbar (siehe Abbildung 8.2).

Abb. 8.2: Röntgenmikroskopische Aufnahme eines Siemenssterns bei 30 keV an PETRA III, P05; Belichtungszeit 30 s

Um die Helligkeitsunterschiede auszugleichen, wird ein zusätzliches Hintergrundbild ohne Probe aufgenommen. Die Intensitäten des Originalbilds mit Probe werden durch die Intensitäten des Hintergrundbilds geteilt, um die aus der Ausleuchtung resultierenden Intensitätsschwankungen im Originalbild zu kompensieren. Die Intensitätsunterschiede im hintergrundkompensierten Bild resultieren dann fast ausschließlich aus der Absorption in der Probe, die so über das gesamte Bildfeld gut sichtbar wird (siehe Abbildung 8.3).

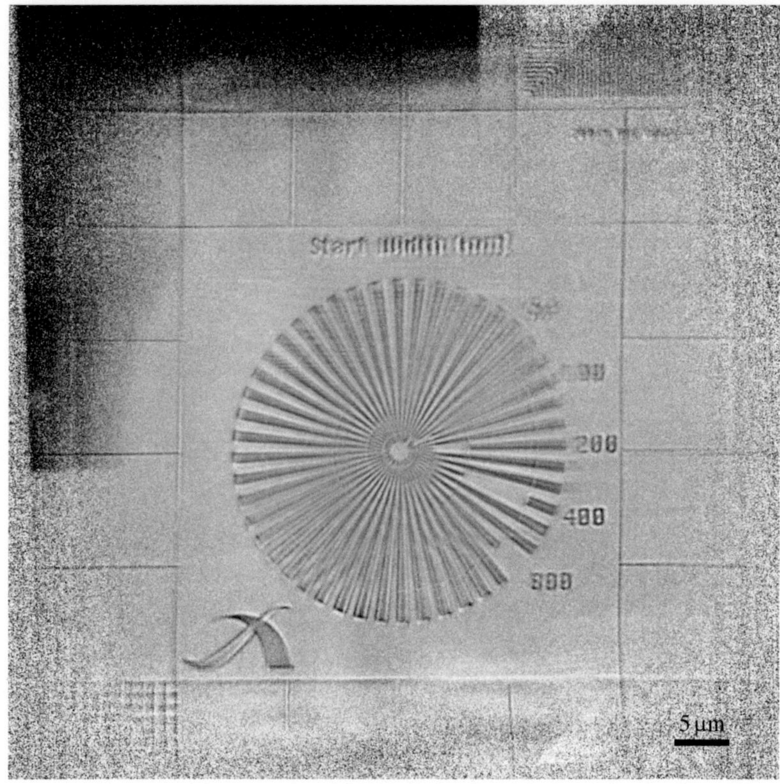

Abb. 8.3: Röntgenmikroskopische, hintergrundkompensierte Aufnahme eines Siemenssterns bei 30 keV an PETRA III, P05; Belichtungszeit 30 s

Eine Hintergrundkompensation ist jedoch nur dann weitgehend fehlerfrei möglich, wenn die Beleuchtung bei der Aufnahme von Original- und Hintergrundbild identisch ist. Dies ist bei den Experimenten nicht immer der Fall gewesen. Am Strahlrohr P05 von PETRA III hat häufig ein Spiegel im Monochromator vibriert. Dies hat sogar in Videosequenzen mit 60 Bildern pro Sekunde dokumentiert werden können. Hintergrundkompensierte Aufnahmen zeigen daher oft zusätzliche Intensitätsschwankungen, welche die Interpretation erschweren.

Am Strahlrohr P05 von PETRA III wird oft eine aus einem rotierenden Stapel Papier bestehende Streuscheibe eingesetzt, die entweder vor der Kondensorlinse oder zwischen Kondensorlinse und Probe positioniert werden kann. Dadurch wird die Ausleuchtung bei 17,4 keV deutlich gleichmäßiger. Bei 30 keV ist die Wirkung geringer.

Bei den Versuchen am Strahlrohr ID01 an ESRF hat die Hintergrundkompensation keine Vorteile gebracht, da sich die Beleuchtung von Bild zu Bild zu stark geändert hat. Die Ursache sind wahrscheinlich Vibrationen im Postioniertisch der Kondensorlinse gewesen. An ESRF, ID01 sind die besten Ergebnisse ohne Kondensorlinse und Hintergrundkompensation erzielt worden.

8.2 Auflösung

Die wichtigsten Bewertungskriterien zur Charakterisierung der Linsen und des Mikroskops sind Auflösung und Bildfeldgröße. Zur Beurteilung der Auflösung werden röntgenmikroskopische Bilder eines bekannten Testmusters aufgenommen. An Größe und Abstand der kleinsten noch erkennbaren Strukturen kann dann die Auflösung abgelesen werden.

Abbildung 8.4 zeigt einen Ausschnitt des Testmusters, das bei 30 keV am Strahlrohr P05 an PETRA III untersucht worden ist [26]. Die kleinsten noch erkennbaren Strukturen befinden sich an der Innenseite des zweitinnersten Rings. Dort haben die Strukturen eine Größe von 100 nm und sind in einer Periode von 200 nm angeordnet. Durch die Unterscheidbarkeit dieser Strukturen ist eine Auflösung von 200 nm nachgewiesen. Die gleiche Auflösung konnte auch bei 17,4 keV am Strahlrohr P05 an PETRA III (siehe Abbildung 8.5) und am Strahlrohr ID01 an ESRF erreicht werden. Der innerste Ring ist in keinem der Versuche auflösbar gewesen. Dies liegt jedoch nicht nur am Mikroskop selbst, sondern auch daran, dass die Strukturen im innersten Ring kollabiert sind. Dies ist in Abbildung 8.5 bereits erkennbar und auch mit einem Rasterelektronenmikroskop nachgewiesen worden.

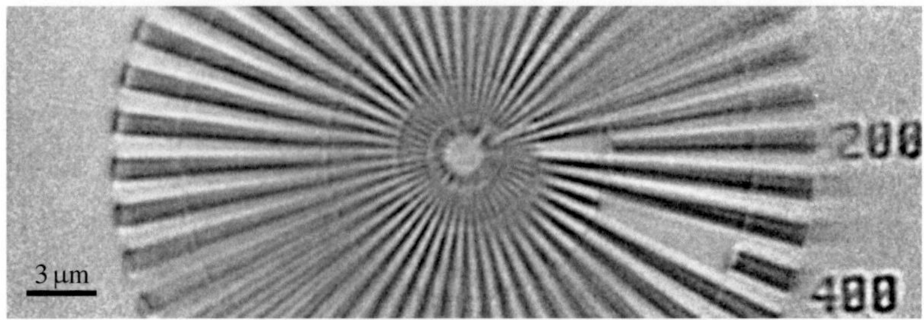

Abb. 8.4: Röntgenmikroskopische, hintergrundkompensierte Aufnahme eines Siemenssterns bei 30 keV an PETRA III, P05; Belichtungszeit 30 s; Detail aus Abbildung 8.3

Mit 200 nm bleibt die erreichte Auflösung hinter der bei 30 keV rechnerisch möglichen von 60 nm in der Bildfeldmitte und 78 nm am Bildfeldrand zurück. Bei 17,4 keV ist unter der Berücksichtigung aller Strahlen mit einer Mindestintensität $I > I_0/e^2$ bei Linsen mit 100 mm Brennweite nach Gleichung 2.10 rechnerisch eine Auflösung von 91 nm über das gesamte Bildfeld möglich. Auch unter Berücksichtigung von Linsen- und Ausrichtungsfehlern (siehe Abbildungen 4.19 und 7.2) sollte eine Auflösung unter 100 nm möglich sein. Da Vibrationen und deren Auswirkungen bereits nachgewiesen worden sind (siehe Kapitel 7.2), stellen diese mit großer Wahrscheinlichkeit den die Auflösung begrenzenden Faktor dar.

8.3 Bildfeldgröße

Wenn die erreichte Auflösung nicht durch die Linsen, sondern durch Vibrationen begrenzt ist, eignet sich die Auflösung nicht als Bewertungskriterium bei einem Vergleich der verschiedenen Linsen. Die Verbesserung der Auflösung durch Taille-Linsen im Vergleich zu Linsen mit konstanter Apertur kann sich bei der bisher erreichten Auflösung noch nicht auswirken. Ohnehin zeigt sich dieser Unterschied nur am Bildfeldrand.

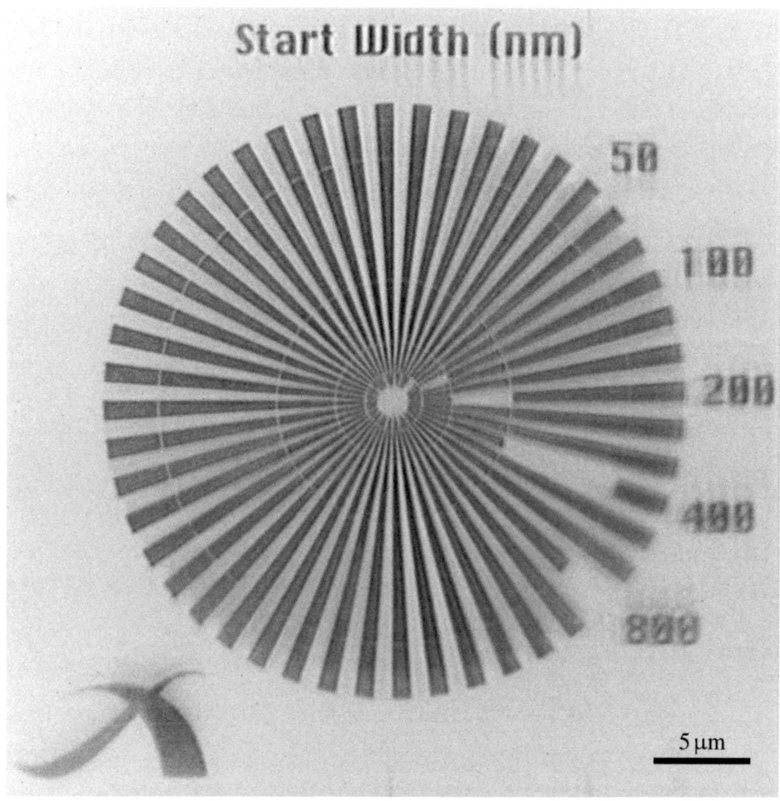

Abb. 8.5: Röntgenmikroskopische Aufnahme eines Siemenssterns mit Kompensation des Hintergrunds (Ausschnitt) bei 17,4 keV an PETRA III, P05 (Das Bild entstand im Rahmen einer Kooperation [30])

Das einzige verbleibende Vergleichskriterium ist die Bildfeldgröße. Die Bildfeldgröße ist jedoch auch von der Öffnung der Aperturblende und der Beleuchtungssituation abhängig und damit kein sicheres Bewertungskriterium. Abbildung 8.6 zeigt drei Aufnahmen, die mit unterschiedlichen Linsen, aber sonst gleichen Bedingungen gemacht worden sind. Bei der Aufnahme mit der Linse mit konstanter Apertur ist das Bildfeld 61 µm × 71 µm groß, bei der Taille-Linse 73 µm × 67 µm und bei der adiabatischen Linse

63 µm × 51 µm. Die Bildfeldgröße ist aus der Grauwertverteilung ermittelt worden. Der in den Abbildungen wahrnehmbare Bereich erscheint etwas kleiner als die gemessenen Werte. Nach dieser Messung ist das Bildfeld der Taille-Linse am größten und das der adiabatischen Linse am kleinsten. Dies ist nach den theoretischen Berechnungen des Akzeptanzwinkels der Linsen zu erwarten (siehe Kapitel 4).

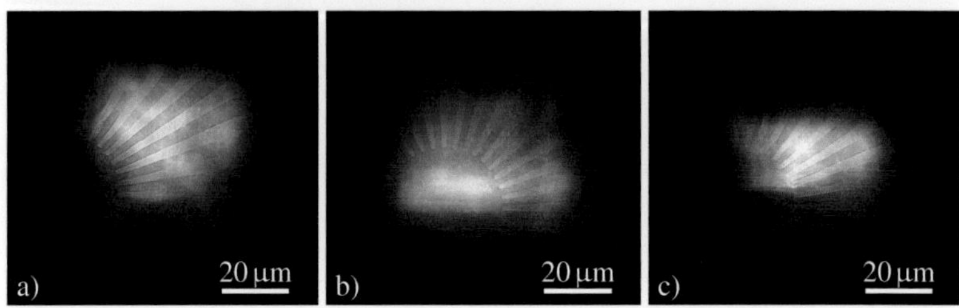

Abb. 8.6: Röntgenmikroskopische Aufnahme a) mit einer Linse mit konstanter Apertur, b) mit einer Taille-Linse und c) mit einer adiabatischen Linse mit 100 mm Brennweite bei 30 keV an PETRA III, P05

Bei einem weiteren Experiment hat mit einer anderen Taille-Linse gleichen Layouts und optimierten Einstellungen bei 30 keV ein Bildfeld von 80 µm × 70 µm abgebildet werden können. Ein erneuter Vergleich mit den anderen Linsen hat jedoch nicht stattgefunden. Für einen detaillierten Vergleich der Linsen für 17,4 keV stand nicht ausreichend Strahlzeit zur Verfügung.

8.4 Senkrecht bestrahlte Linsen

Die senkrecht bestrahlen Linsen weisen keine erkennbaren geometrischen Fehler auf. Zudem ist die Oberflächenqualität senkrecht belichteter Strukturen potenziell höher als die unter 45° belichteter Strukturen (siehe Kapitel 6.3.1). Trotzdem hat mit den senkrecht bestrahlten Linsen keine so gute Abbildungsqualität erreicht werden können wie mit den schräg bestrahlten

Linsen. Abbildung 8.7 zeigt zwei röntgenmikroskopische Aufnahmen, die mit senkrecht bestrahlten Linsen gemacht worden sind.

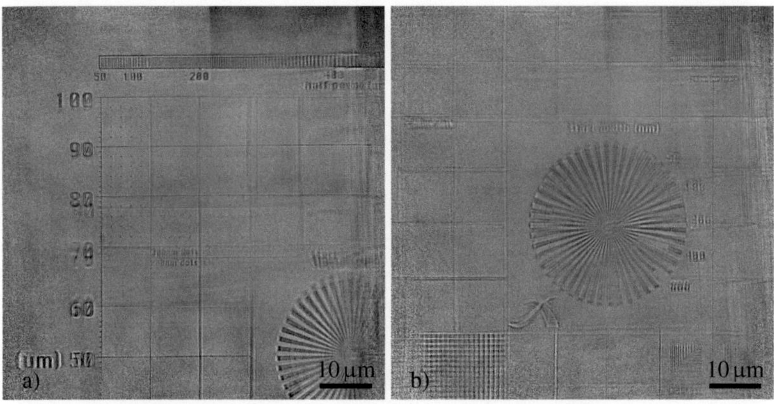

Abb. 8.7: Röntgenmikroskopische Aufnahme (hintergrundkompensiert) mit einer senkrecht bestrahlten Linse bei 30 keV an PETRA III, P05

Die Ursache für die schlechte und vor allem inhomogene Abbildungsqualität konnte bis zum Abschluss der Arbeit nicht geklärt werden. An einzelnen Stellen sieht man, dass mit den Linsen eine ähnlich gute Auflösung erreicht werden kann, wie mit den schräg bestrahlten Linsen. Diese Qualität wird aber nur lokal und nicht über das gesamte Bildfeld erreicht. Welche Bildbereiche scharf abgebildet werden, hängt von der Gegenstandsweite ab. Bei der Messung ist die Gegenstandsweite über einen Bereich von mehr als 20 mm variiert worden. Da die Schärfentiefe der Linse 674 µm beträgt und die Probe eben und nur wenige Mikrometer dick ist, kann eine zu geringe Schärfentiefe ausgeschlossen werden. Eine wahrscheinlich Ursache ist eine inhomogene Qualität des Linsenmaterials (siehe Kapitel 6.3.1).

8.5 Erste Anwendungen

Nach den Auflösungstests ist das Röntgenmikroskop bereits in den ersten wissenschaftlichen Anwendungen eingesetzt worden. Als eine der Proben ist eine Rolllinse gewählt worden, wie sie auch im Röntgenmikroskop als Kondensorlinse eingesetzt wird. In der röntgenmikroskopischen Aufnahme in Abbildung 8.8 ist das Innere der Rolllinse gut erkennbar, was ohne Röntgenmikroskopie bisher nicht mit dieser Auflösung möglich gewesen ist. Mit den Aufnahmen können Strukturfehler, wie die verbogenen Prismenspitzen oder die Wellen in der Folienrückseite, analysiert werden. Dies wird zu einer Verbesserung der Linsenqualität beitragen.

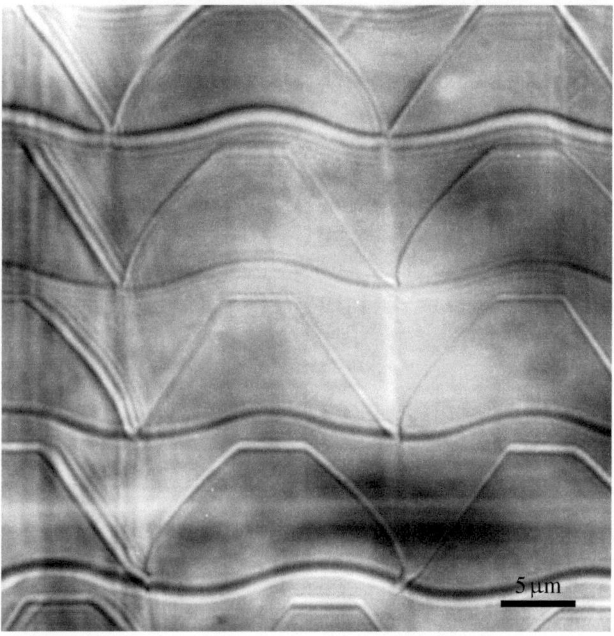

Abb. 8.8: Röntgenmikrokopische Aufnahme einer Rolllinse bei 17,4 keV an ESRF, ID01 ohne Hintergrundkompensation und Kondensorlinse mit einer Belichtungszeit von 90 s

Bei realen Proben ändert sich die innere Struktur auch parallel zur optischen Achse des Mikroskops. Durch die große Schärfentiefe zeigt ein Absorptionsbild immer eine Überlagerung aller Schichten der Probe. Durch diese Überlagerung sind die einzelnen Ebenen der Probe nicht unterscheidbar. Dies führt auch zu einer Verschlechterung der Auflösung senkrecht zur optischen Achse. Wenn die Strukturdetails parallel zur optischen Achse größer sind als die Schärfentiefe, können sie durch konfokale Mikroskopie untersucht werden. Dabei wird die Probe entlang der optischen Achse bewegt, so dass immer eine andere Probenschicht scharf abgebildet wird. Aufgrund der relativ hohen Schärfentiefe der Objektivlinse ist konfokale Mikroskopie in der Röntgenmikroskopie jedoch nicht möglich.

Durch Kombination von Röntgenmikroskopie mit tomographischen Methoden kann man jedoch ein vergrößertes, dreidimensionales Bild erstellen. Auf diese Weise ermöglicht vergrößerte Mikrotomographie, unter Verwendung der im Rahmen dieser Arbeit entwickelten Linsen, trotz der hohen Schärfentiefe, eine Untersuchung der Strukturdetails parallel zur optischen Achse. Abbildung 8.9 zeigt verschiedene Ansichten einer dreidimensionalen tomographischen Rekonstruktion. Besonders interessant ist hier der Vergleich zwischen dem Absorptionbild (Abbildung 8.9 a) und dem Schnitt durch die dreidimensionale Rekonstruktion (Abbildung 8.9 c), bei der deutlich mehr Details erkennbar sind.

Bei der untersuchten Probe handelt es sich um ein photonisches Glas aus Zirkoniumkugeln[1]. Durch vergrößerte Mikrotomographie ist es möglich die Packungsdichte und Verteilung der Zirkoniumkugeln zu bestimmen. Beide Aspekte sind wichtig für die Funktion des photonischen Glases. Das Materials soll beispielsweise bei Turbinenschaufeln als thermische Barriereschicht eingesetzt werden, da seine Reflektivität in einem großen Teil des Infrarotspektrums fast eins ist.

---

[1] Die Probe stammt von Jefferson Jean do Rosario vom Institut für Keramische Hochleistungswerkstoffe der Technischen Universität Hamburg-Harburg

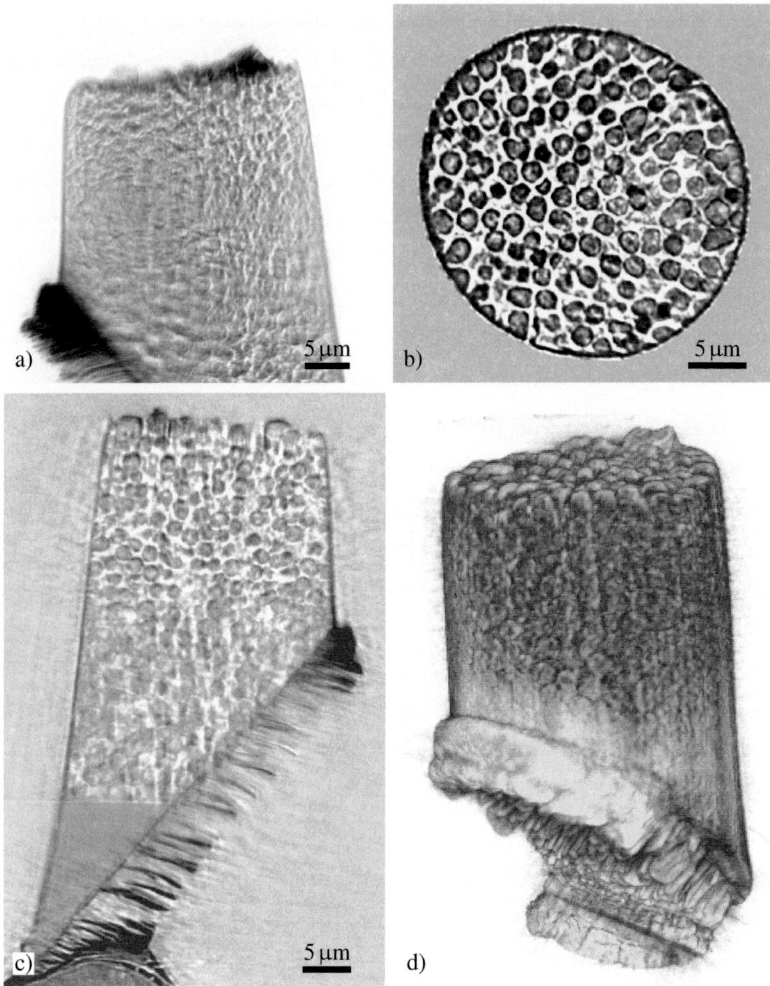

Abb. 8.9: Photonisches Glas aus Zirkoniumkugeln – Vergrößerte Mikrotomographie an PETRA III, P05 bei 17,4 keV: a) Absorptionsbild, b, c) Schnitte durch die 3D-Rekonstruktion, d) 3D-Rekonstruktion (Die Bilder entstanden im Rahmen einer Kooperation [30])

Ein weiteres Anwendungsfeld haben die Objektivlinsen in der Diffraktionsmikroskopie gefunden. Diese neue Analysemethode hat mit den im Rahmen dieser Arbeit entwickelten Linsen erstmals realisiert werden können und wird am Strahlrohr ID01 an ESRF eingesetzt. Dieses Strahlrohr ist auf die diffraktive Analyse von Proben spezialisiert. Dabei wird die Oberfläche mit einem fokussierten Röntgenstrahl abgerastert. Aus den Diffraktionssignalen wird ein Bild der Probe rekonstruiert. Die Rekonstruktion ist jedoch kompliziert und zeitaufwändig. Bei der Diffraktionsmikroskopie wird die Probe vollflächig beleuchtet und das Diffraktionssignal mit einer abbildenden Linse auf den Detektor abgebildet. So erhält man ohne Rekonstruktion direkt eine Abbildung der Probe. Dabei gehen allerdings verglichen mit der ursprünglichen Methode Informationen verloren, was sich unter anderem in einer geringeren Auflösung niederschlägt. Durch das diffraktionsmikroskopische Bild ist jedoch eine schnellere Orientierung während des Experiments und später eine einfachere Rekonstruktion möglich [16].

9 Zusammenfassung und Ausblick

Mit Röntgenvollfeldmikroskopie kann das Innere vieler, für sichtbares Licht undurchsichtiger Proben mit hoher Auflösung untersucht werden. Die Erweiterung des Spektrums verfügbarer Vollfeldmikroskope auf den Photonenenergiebereich von 15 keV bis 30 keV eröffnet neue Möglichkeiten zur Analyse von dicken Proben und Materialien mit schweren Elementen. In diesem Photonenenergiebereich weisen refraktive Linsen verglichen mit anderen Optiktypen vorteilhafte Eingenschaften auf, weshalb sie im Rahmen dieser Arbeit zum Aufbau eines Röntgenmikroskops verwendet worden sind.

Ein gutes Vollfeldmikroskop zeichnet sich durch eine homogene Ausleuchtung und eine konstant hohe Auflösung über das gesamte Bildfeld aus. Um ein optimales Ergebnis zu erreichen, müssen alle optischen Komponenten aufeinander abgestimmt und mit den Randbedingungen in Einklang gebracht werden. Im Rahmen dieser Arbeit ist als Beispiel ein Vollfeldmikroskop konzipiert worden, das am Strahlrohr IMAGE an ANKA aufgebaut werden soll. Dort wird eine Auflösung von unter 100 nm angestrebt, wobei die Mikroskoplänge 4 m nicht überschreiten darf.

Bei der Konzeption des Gesamtsystems stehen die Wahl der Vergrößerung und das Verhältnis von Auflösung und Bildfeldgröße im Vordergrund, damit das Bild der Probe über das gesamte Bildfeld mit der angestrebten Auflösung aufgenommen werden kann. Die Vergrößerung muss dabei so gewählt werden, dass ein auflösbares Bild auf dem Szintillator bzw. auf dem Bildsensor entsteht. Der Bildsensor muss eine ausreichende Anzahl Pixel aufweisen, um das gewählte Verhältnis von Auflösung und Bildfeldgröße erfassen zu können. In dieser Arbeit ist eine röntgenoptische Vergrößerung von 15 und ein Verhältnis von Auflösung zu Bildfeldgröße von 1 : 1000 gewählt worden. Zur Detektion der Abbildung ist dann ein Bildsensor mit mindestens 4000 Pixeln Kantenlänge erforderlich.

Das Streben nach einer möglichst homogenen und gleichzeitig hohen Auflösung über das gesamte Bildfeld stellt besondere Anforderungen an die verwendeten Optiken. Refraktive Linsen mit parabelförmigen Oberflächen sind als Objektivlinse geeignet. Geometrische und absorptionsbedingte Einschränkungen der Linsenapertur erfordern allerdings eine innovative Anpassung der Aperturen der einzelnen Linsenelemente an den Strahlengang. Dafür ist im Rahmen dieser Arbeit ein Konzept entwickelt und theoretisch analysiert worden, bei dem die einzelnen Aperturen so verändert werden, dass sich eine homogene Photonendichteverteilung im Randbereich der Linse ergibt. Dies führt bei einer Objektivlinse für die Vollfeldmikroskopie zu einem Linsendesign mit einer großen Eingangs- und Ausgangsapertur und kleineren Linsenelementen in der Linsenmitte. Eine solche Linse, die aufgrund ihrer besonderen Form als Taille-Linse bezeichnet wird, ermöglicht bei 30 keV eine theoretische Auflösung von 60 nm in der Bildfeldmitte und 78 nm am Bildfeldrand.

Taille-Linsen sind im Rahmen dieser Arbeit erstmals realisiert und mittels Röntgentiefenlithographie aus dem Negativphotolack mr-L hergestellt worden. Durch zwei Belichtungen, die unter $\pm45°$ erfolgen, kann mit diesem Fertigungsverfahren eine Linse mit Punktfokus mit hoher Präzision hergestellt werden. Die größte Herausforderung ist hierbei, die Durchbiegung der sehr fragilen Absorbermaske während der Belichtung zu minimieren, da bei einer Belichtung unter 45° jede Durchbiegung direkt auf das Substrat abgebildet wird. Durch eine Reduzierung des Wärmeeintrags während der Belichtung und einen präziseren Einbau hat die Durchbiegung der Maskenmembran deutlich reduziert werden können. Dies ist Voraussetzung zur Herstellung qualitativ hochwertiger Linsen.

Nach der Optimierung des Fertigungsprozesses ist mit dieses Linsen ein Röntgenmikroskop aufgebaut worden. Da sich das Strahlrohr IMAGE an ANKA zurzeit noch im Aufbau befindet, haben die meisten Experimente im Rahmen dieser Arbeit an Strahlrohren P05 an PETRA III und ID01 an ESRF stattgefunden. Dort ist sowohl bei 30 keV als auch bei 17,4 keV eine Auflösung von 200 nm über ein Bildfeld mit 80 µm Kantenlänge nachgewiesen worden. Dass die theoretisch mögliche Auflösung von 60 nm bei 30 keV und 91 nm bei 17,4 keV noch nicht erreicht worden ist, liegt hauptsächlich an Vibrationen im Aufbau, die eine Relativbewegung zwischen Probe und Objektivlinse während der Bildaufnahmezeit verursachen. Die Länge des Mikroskops kann je nach eingestellter Vergrößerung und gewählter Kondensorlinse zwischen 3 m und 6,8 m variiert werden.

Nach den erfolgreichen Auflösungstests ist die Leistungsfähigkeit des Mikroskops in ersten Anwendungen demonstriert worden. Dabei sind erstmals hoch aufgelöste röntgenmikroskopische Bilder einer Rolllinse aufgenommen worden. Anhand der Bilder sind Ansatzpunkte identifiziert worden, wie beispielsweise die verbogenen Prismenspitzen, auf deren Basis in Zukunft die Qualität der Rolllinsen weiter verbessert werden kann.

Durch die Kombination von Röntgenmikroskopie mit tomographischen Methoden können auch hoch aufgelöste dreidimensionale Bilder erstellt werden. Auf diese Weise ist mit dem realisierten Röntgenvollfeldmikroskop bereits ein photonisches Glas aus Zirkoniumkugeln untersucht worden. Aus den Ergebnissen können wichtige Materialparameter, wie die Packungsdichte und die Verteilung der Kugeln, ermittelt werden.

Aufgrund ihrer guten Abbildungseigenschaften haben die Linsen außerdem die Realisierung einer neuen Analysemethode – der Diffraktionsmikroskopie – ermöglicht. Diese wird Zukunft die rasternde Diffraktometrie ergänzen.

Um das vielfältige Potential der Linsen in der Vollfeldmikroskopie in Zukunft noch besser nutzen zu können, ist wünschenswert die Linsenqualität weiter zu steigern. Eine genaue Charakterisierung der röntgenopti-schen Eigenschaften des Photolacks ist dazu unabdingbar, damit die her-gestellten Röntgenlinsen die gewünschten optischen Eigenschaften aufwei-sen. Gleichzeitig ist es notwendig die Vibrationen im Mikroskopaufbau zu minimieren, um eine homogene Auflösung von unter 100 nm über das ge-samte Bildfeld von 100 μm × 100 μm zu erreichen. Andererseits können für die bereits erreichte Auflösung von 200 nm Linsen für ein größeres Bildfeld konzipiert werden.

Der Kondensorlinse wurde im Rahmen dieser Arbeit weniger Aufmerk-samkeit geschenkt, da sie weniger Einfluss auf die Abbildungsqualität hat als die Objektivlinse. Dennoch kann das Mikroskop von einer besseren Be-leuchtungsoptik profitieren. Beispielsweise würde durch die erfolgreiche Umsetzung des in dieser Arbeit beschriebenen Konzepts einer Kondensor-linse eine vollständig homogene Beleuchtung des gesamten Bildfels mög-lich. Dadurch wird die Hintergrundkompensation überflüssig und die Zeit für Experimente kann auf die Hälfte reduziert werden, da kein zusätzliches Hintergrundbild aufgenommen werden muss.

Bei dem in dieser Arbeit gewählten Beispiel stand das Herausarbeiten der allgemeinen Vorgehensweise bei der Auslegung eines Röntgenvollfeldmi-kroskops im Vordergrund. Dabei ist deutlich geworden, welches Verbesse-rungspotenzial in der Anpassung des Designs an die gegebenen Randbe-dingungen steckt. Im nächsten Schritt ist es sinnvoll, mit dem gewonnenen Wissen Linsensysteme speziell für die Strahlrohre zu konzipieren, an denen Experimente stattfinden sollen.

Mit antimonfreiem Photolack, der zurzeit entwickelt wird, werden in Zu-kunft auch refraktive Linsen aus mr-L für Photonenenergien oberhalb von 30 keV realisierbar und damit der Aufbau eines Röntgenmikroskops für die-sen Photonenenergiebereich.

A Röntgenoptische Eigenschaften von mr-L

Die röntgenoptischen Eigenschaften von mr-L werden aus der elementaren Zusammensetzung, der Dichte und den atomaren Streufaktoren der enthaltenen Elemente berechnet. Die elementare Zusammensetzung und die Dichte hängen von den exakten Prozessparametern während des Herstellungsprozesses ab. Dadurch ist die Brechzahl Schwankungen unterworfen.

Zu Beginn der Arbeit haben am IMT mehrere Tabellen mit der Brechzahl von mr-L zur Verfügung gestanden. Im Sinne einer konservativen Abschätzung ist die mit der geringsten Brechkraft gewählt worden. Dadurch wird das Mikroskop im Falle einer Abweichung kürzer als geplant. Ein längeres Mikroskop würde möglicherweise nicht in die vorgesehene Strahlhütte passen ohne den Vergrößerungsmaßstab zu reduzieren. Die dieser Arbeit zugrundeliegenden Werte der optischen Eigenschaften von mr-L sind in den Abbildungen A.1 und A.2 in Abhängigkeit der Photonenenergie aufgetragen.

Bei 30 keV ist mit einem Brechzahldekrement δ von $2{,}725 \cdot 10^{-7}$ und einem Extingtionskoeffizienten β von $1{,}426 \cdot 10^{-10}$ gerechnet worden, bei 17,4 keV mit einem Brechzahldekrement δ von $8{,}123 \cdot 10^{-7}$ und einem Extingtionskoeffizienten β von $1{,}189 \cdot 10^{-9}$.

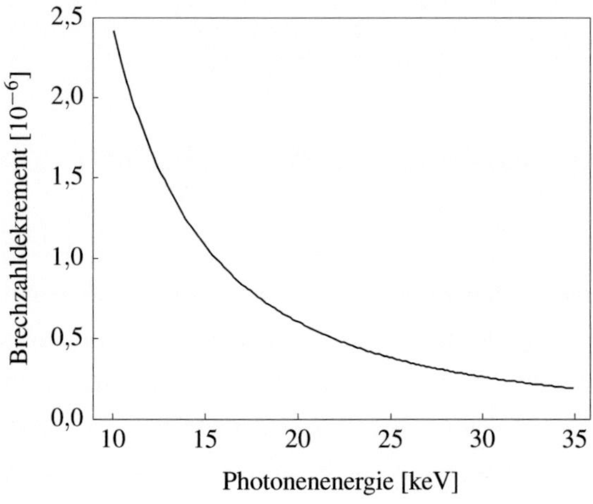

Abb. A.1: Brechzahldekrement δ von mr-L für Photonenenergien von 10 keV bis 35 keV

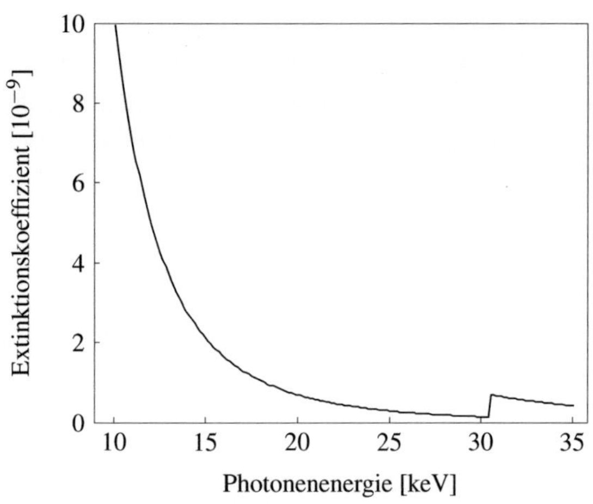

Abb. A.2: Extinktionskoeffizient β von mr-L für Photonenenergien von 10 keV bis 35 keV

B Berechnung der Taille-Linsen

Bei der Berechnung der Taille-Linsen werden die Aperturen der einzelnen Linsenelemente so verändert, dass eine homogene Photonendichteverteilung im Randbereich der Linse erreicht wird. Dazu muss die Breite des Randbereichs festgelegt werden. Dies kann mit einem absoluten Wert oder relativ zur lokalen Apertur geschehen. Um den besten Wert für die Breite des Randbereichs zu ermitteln, sind Taille-Linsen für den gleichen Anwendungsfall, aber mit unterschiedlich breiten Randbereichen berechnet worden. Der Akzeptanzwinkel dieser Linsen ist in Abbildung B.1 über dem Abstand des Probenpunkts zur optischen Achse aufgetragen.

Da in der Vollfeldmikroskopie eine homogene Abbildungsqualität über das gesamte Bildfeld wichtiger ist als eine lokale Verbesserung des Akzeptanzwinkels in der Bildfeldmitte, ist der Akzeptanzwinkel am Bildfeldrand entscheidend bei der Auswahl der Randbereichsbreite. Bei Taille-Linsen mit einer relativ zur lokalen Apertur festgelegten Randbereichsbreite ist der Akzeptanzwinkel am Bildfeldrand größer als bei Taille-Linsen, bei denen die Randbereichsbreite mit einem absoluten Wert definiert ist.

Weiterhin zeigt sich, dass der Akzeptanzwinkel am Bildfeldrand größer ist, wenn die Breite des Randbereichs möglichst klein ist. Die erforderliche Rechenzeit zur Berechnung einer Taille-Linse geht jedoch gegen Unendlich, wenn die Breite des Randbereichs gegen Null geht. Deshalb ist als Kompromiss im Rahmen dieser Arbeit ein Randbereich mit einer Breite von 1% der lokalen Apertur gewählt worden.

Abbildung B.2 zeigt die iterative Änderung der Aperturen bei der Berechnung einer Taille-Linse.

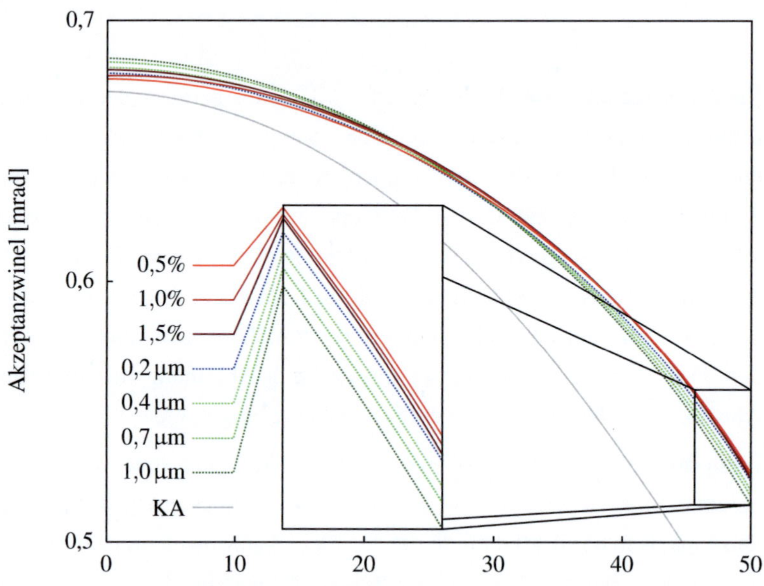

Abb. B.1: Akzeptanzwinkel verschiedener Taille-Linsen mit 100 mm Brennweite bei 30 keV in Abhängigkeit des Probenpunktabstands zur optischen Achse; die Legende gibt die Breite des Randbereichs an, die zur Berechnung der Taille-Linsen gewählt worden ist. Zum Vergleich ist auch der Akzeptanzwinkel einer Linse mit konstanter Apertur (KA) eingezeichnet.

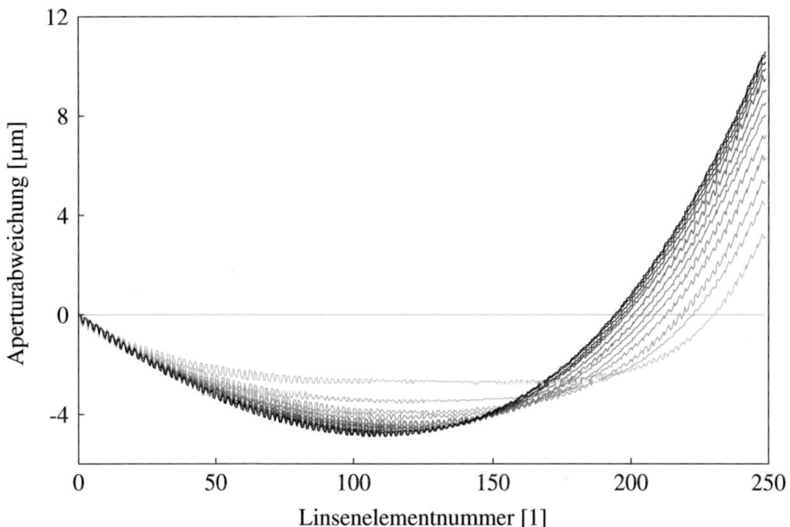

Abb. B.2: Dargestellt ist jeder zwanzigste Schritt der iterativen Änderung des Aperturverlaufs während der Berechnung einer Taille-Linse mit 100 mm Brennweite bei 30 keV beginnend bei einer Linse mit konstanter Apertur. Für jedes Linsenelement ist jeweils die Abweichung seiner Apertur zur Eingangsapertur angegeben. Die Eingangsapertur der fertig berechneten Taille-Linse ist 71,5 µm groß.

C Eigenschaften der verwendeten Linsen

In den folgenden Tabellen sind die charakteristischen Größen der wichtigsten in der vorliegenden Arbeit verwendeten Linsen aufgelistet.

Alle Linsen sind für ein Bildfeld von $100\,\mu$m $\times$ $100\,\mu$m ausgelegt. Der Radius im Parabelgrund ist bei allen Linsenelementen $6\,\mu$m groß. Eine Ausnahme bilden nur die beiden Linsenelemente einer jeden Linse, die nur die halbe Brechkraft aufweisen und folglich einen $12\,\mu$m großen Radius im Parabelgrund haben.

Bei der Berechnung der theoretischen Transmission ist die durchschnittliche Transmission über eine repräsentative Anzahl Strahlen ermittelt worden. Linsen mit einer großen Apertur weisen teilweise eine kleinere Transmission auf, als Linsen mit einer kleinen Apertur, da die Strahlen, die den äußeren Bereich der großen Linse passieren, den Durchschnittswert senken. Ein differenzierteres Bild ergibt sich mit der relativen Bildpunkthelligkeit, die die Helligkeit eines Bildpunkts bei gegebener konstanter Eingangsphotonendichte angibt.

Die Unterschiede der experimentell nachgewiesenen Werte resultieren nicht nur aus einem qualitativen Unterschied der Linsen, sondern auch aus der unterschiedlichen Anzahl Experimente, die mit den jeweiligen Linsen durchgeführt worden sind.

	Linse mit konstanter Apertur: $f = 100\,\mathrm{mm}$, $L = 60\,\mathrm{mm}$	Taille-Linse: $f = 100\,\mathrm{mm}$, $L = 60\,\mathrm{mm}$	Adiabatische Linse: $f = 100\,\mathrm{mm}$, $L = 60\,\mathrm{mm}$
Theoretische Werte			
Brennweite f [mm]	99,6	99,2	99,7
Anzahl Linsenelemente N/N_{ges} [1]	124/249	124/249	124/249
Geometrische Apertur A_{geo} [µm]	70,1	$71,5 - 66,6 - 82,0$	$56,9 - 76,8$
Absorptionsbegrenzte Apertur A_{abs} [µm]	100,1	99,9	100,2
Linsenlänge L_{ges} [mm]	60	60	60
Akzeptanzwinkel α [mrad] Mitte – Rand	$0,67 - 0,46$	$0,68 - 0,53$	$0,74 - 0,40$
Auflösung $d_{\mathrm{min,Mik}}(\alpha)$ [nm] (Gl. 2.10) Mitte – Rand	$61,5 - 89,2$	$61,0 - 78,6$	$56,1 - 101,6$
Auflösung $d_{\mathrm{min,abs}}$ [nm] (Gl. 2.11)	16,5	16,5	16,5
Schärfentiefe $d_s(\alpha_{\mathrm{abs}})$ [µm] (Gl. 2.12)	736	715	603
Transmission [%]	55,3	54,6	58,6
Relative Bildpunkthelligkeit [1] Mitte – Ecke	$0,27 - 0,14$	$0,28 - 0,17$	$0,31 - 0,12$
Experimentell nachgewiesene Werte			
Brennweite f [mm]	91,7	90,8	91,7
Auflösung [nm]	200	200	–
Bildfeldgröße [µm]	61×71	80×70	63×51

Tab. C.1: Eigenschaften der Röntgenlinsen für 30 keV

	Taille-Linse: $f = 100$ mm, $L = 60$ mm	Taille-Linse: $f = 100$ mm, $L = 35$ mm	Taille-Linse: $f = 80$ mm, $L = 30$ mm
Theoretische Werte			
Brennweite f [mm]	98,5	98,3	79,0
Anzahl Linsenelemente N/N_{ges} [1]	42/85	40/81	50/101
Geometrische Apertur A_{geo} [µm]	115,7 − 115,3 − 151,3	94,8 − 94,7 − 107,0	78,4 − 76,8 − 88,4
Absorptionsbegrenzte Apertur A_{abs} [µm]	78,2	78,1	70,0
Linsenlänge L_{ges} [mm]	60	35	30
Akzeptanzwinkel α [mrad] Mitte − Rand	1,27 − 1,15	0,96 − 0,87	0,96 − 0,85
Akzeptanzwinkel $\alpha_{\mathrm{abs}}(I > I_0/\mathrm{e}^2)$ [mrad] Mitte − Rand	0,78 − 0,78	0,76 − 0,76	0,85 − 0,84
Auflösung $d_{\mathrm{min,Mik}}(\alpha)$ [nm] (Gl. 2.10) Mitte − Rand	56,1 − 62,0	74,2 − 81,9	74,2 − 83,8
Auflösung $d_{\mathrm{min,Mik}}(\alpha_{\mathrm{abs}})$ [nm] (Gl. 2.10) Mitte − Rand	91,3 − 91,3	93,6 − 93,6	83,8 − 84,8
Auflösung $d_{\mathrm{min,abs}}$ [nm] (Gl. 2.11)	36,5	36,5	32,5
Schärfentiefe $d_s(\alpha_{\mathrm{abs}})$ [µm] (Gl. 2.12)	936	986	789
Schärfentiefe $d_{\mathrm{s,abs}}$ [µm] (Gl. 2.13)	85	85	67
Transmission [%]	12,6	21,6	25,9
Relative Bildpunkthelligkeit [1] Mitte − Ecke	0,23 − 0,20	0,29 − 0,25	0,22 − 0,17
Experimentell nachgewiesene Werte			
Brennweite f [mm]	90	90	−
Auflösung [nm]	200	180	−
Bildfeldgröße [µm]	$> 80 \times 80$	$> 80 \times 80$	−

Tab. C.2: Eigenschaften der Taille-Linsen für 17,4 keV

	Linse mit konstanter Apertur: $f = 100\,$mm, $L = 60\,$mm	Linse mit konstanter Apertur: $f = 100\,$mm, $L = 35\,$mm	Linse mit konstanter Apertur: $f = 80\,$mm, $L = 30\,$mm
Theoretische Werte			
Brennweite f [mm]	98,7	98,4	79,1
Anzahl Linsenelemente N/N_{ges} [1]	42/85	40/81	50/101
Geometrische Apertur A_{geo} [μm]	127,4	98,0	79,4
Absorptionsbegrenzte Apertur A_{abs} [μm]	78,3	78,1	70,0
Linsenlänge L_{ges} [mm]	60	35	30
Akzeptanzwinkel α [mrad] Mitte – Rand	1,23 – 112	0,94 – 0,85	0,95 – 0,81
Akzeptanzwinkel $\alpha_{\text{abs}}(I > I_0/e^2)$ [mrad] Mitte – Rand	0,78 – 0,76	0,76 – 0,76	0,85 – 0,80
Auflösung $d_{\text{min,Mik}}(\alpha)$ [nm] (Gl. 2.10) Mitte – Rand	57,9 – 63,6	75,8 – 83,8	75,0 – 88,0
Auflösung $d_{\text{min,Mik}}(\alpha_{\text{abs}})$ [nm] (Gl. 2.10) Mitte – Rand	91,3 – 93,8	93,8 – 93,8	83,8 – 89,0
Auflösung $d_{\text{min,abs}}$ [nm] (Gl. 2.11)	36,4	36,5	32,5
Schärfentiefe $d_s(\alpha_{\text{abs}})$ [μm] (Gl. 2.12)	936	986	789
Schärfentiefe $d_{\text{s,abs}}$ [μm] (Gl. 2.13)	85	85	67
Transmission [%]	12,8	23,6	28,5
Relative Bildpunkthelligkeit [1] Mitte – Ecke [1]	0,23 – 0,15	0,29 – 0,27	0,22 – 0,17
Experimentell nachgewiesene Werte			
Brennweite f [mm]	90	–	–
Auflösung [nm]	200	–	–
Bildfeldgröße [μm]	$> 80 \times 80$	–	–

Tab. C.3: Eigenschaften der Röntgenlinsen mit konstanter Apertur für 17,4 keV

Literaturverzeichnis

[1] ABBE, E.: *Die Lehre von der Bildentstehung im Mikroskop*. Braunschweig: Vieweg, 1910

[2] ALS-NIELSEN, J.; MCMORROW, D.; WILEY (Hrsg.): *Elements of Modern X-ray Physics*. 2. Wiley, 2011

[3] BAEZ, A. V.: Fresnel Zone Plate for Optical Image Formation Using Extreme Ultraviolet and Soft X Radiation. In: *Journal of Optical Society of America* 51 (1961), S. 405–412

[4] BENNER, B.: *Imaging with Parabolic Refractive X-ray Lenses*, Rheinisch-Westfälische Technische Hochschule Aachen, Fakultät für Mathematik, Informatik und Naturwissenschaften, Diss., 2005

[5] BERUJON, S.; WANG, H.; PAPE, I.; SAWHNEY, K.; RUTISHAUSER, S.; DAVID, C.: X-ray submicrometer phase contrast imaging with a Fresnel zone plate and a two dimensional grating interferometer. In: *Optics Letters* 37 (2012), S. 1622–1624

[6] BORN, M.; WOLF, E.: *Principles of optics: electromagnetic theory of propagation, interference and diffraction of light*. 7. (expanded) ed., repr. Cambridge [u.a.]: Cambridge University Press, 2009

[7] BURROWS, D. N.; *et al.*: The Swift X-Ray Telescope. In: *Space Science Reviews* 120 (2005), Nr. 3-4, S. 165–195

[8] COSSLETT, V. E.; CAVENDISH LABORATORY, U. o. C. (Hrsg.): *X-ray Microscopy*. Cavendish Laboratory, University of Cambridge, 1960

[9] CREMER, J. T.: *Advances in imaging and electron physics; 172.* Bd. 1: Neutron and X-ray microscopy: *Neutron and X-ray microscopy.* 1. ed. Amsterdam: Elsevier, 2012

[10] DAVID, C.; WEITKAMP, T.; NÖHAMMER, B.; VEEN, J. F. d.: Diffractive and refractive X-ray optics for microanalysis applications. In: *Spectrochimica Acta, Part B: Atomic Spectroscopy* 59 (2004), Nr. 10-11, S. 1505 – 1510

[11] GREULICH, W. H. (Hrsg.); KILIAN, U. R. (Hrsg.): *Lexikon der Physik.* Heidelberg: Spektrum Akad. Verl., 2000

[12] HAFERKORN, H. (Hrsg.): *Lexikon der Optik.* Hanau: Dausien, 1988

[13] HECHT, E.: *Optik.* 5., verb. Aufl. München: Oldenbourg, 2009

[14] HENKE, B. L.: *X-Ray Interactions With Matter* http://henke.lbl.gov/optical_constants, Mai 2014

[15] HENKE, B. L.; GULLIKSON, E. M.; DAVIS, J. C.: X-Ray Interactions: Photoabsorption, Scattering, Transmission, and Reflection at $E = 50$-$30{,}000\,\text{eV}$, $Z = 1$-92. In: *Atomic Data and Nuclear Data Tables* 54 (1993), Nr. 2, S. 181 – 342

[16] HILHORST, J.; MARSCHALL, F.; TRAN CALISTE, T. N.; LAST, A.; SCHULLI, T.: *Full-Field X-Ray Diffraction Microscopy using Polymeric Compound Refractive Lenses.* 2014. – eingereicht

[17] IMT/KIT: *LIGA-Verfahren.* http://www.imt.kit.edu/liga.php, Mai 2014

[18] JACOBSEN, C.; WILLIAMS, S.; ANDERSON, E.; BROWNE, M.; BUCKLEY, C.; KERN, D.; KIRZ, J.; RIVERS, M.; ZHANG, X.: Diffraction-limited imaging in a scanning transmission x-ray microscope. In: *Optics Communications* 86 (1991), S. 351 – 364

[19] JEFIMOVS, K.; VILA-COMAMALA, J.; STAMPANONI, M. ; KAU-
LICH, B.; DAVID, C.: Beam-shaping condenser lenses for full-field
transmission X-ray microscopy. In: *Journal of Synchrotron Radiation*
15 (2008), Jan, Nr. 1, S. 106 – 108

[20] KÖHLER, A.: Ein neues Beleuchtungsverfahren für mikrophotogra-
phische Zwecke. In: *Zeitschrift für wissenschaftliche Mikroskopie und
für mikroskopische Technik* 10 (1893), S. 433–440

[21] LAST, A.: *X-ray-optics.* http://www.x-ray-optics.de, Mai 2014

[22] LAST, A.; MARSCHALL, F.: *Röntgenlinsenanordnung und Herstel-
lungsverfahren*, Schutzrecht DE102014107197.2 (22. Mai 2014)

[23] LENGELER, B.; SCHROER, C. G.; KUHLMANN, M.; BENNER, B.;
GUNZLER, T. F.; KURAPOVA, O.; SOMOGYI, A.; SNIGIREV, A.; SNI-
GIREVA, I.: Beryllium parabolic refractive x-ray lenses. In: *American
Institute of Physics Conference Series* Bd. 705, AIP, San Francisco,
California (USA), 05 2004, S. 748 – 751

[24] LENGELER, B.; SCHROER, C. G.; RICHWIN, M.; TÜMMLER, J.;
DRAKOPOULOS, M.; SNIGIREV, A.; SNIGIREVA, I.: A microsco-
pe for hard x rays based on parabolic compound refractive lenses. In:
Applied Physics Letters 74 (1999), Nr. 26, S. 3924 – 3926

[25] LINKENHELD, C.: *Pfad durch die Lichtmikroskopie*
http://mikroskopie.de/pfad/index.html, Mai 2014

[26] MARSCHALL, F.; LAST, A.; SIMON, M.; KLUGE, M.; NAZMOV, V.;
H.VOGT; OGURRECK, M.; GREVING, I.; MOHR, J.: X-ray Full Field
Microscopy at 30 keV. In: *Journal of Physics: Conference Series (JP-
CS)* (2014)

[27] MARSCHALL, F.; LAST, A.; GEORGI, S.; LAMAGO, D.; MARKUS,
O.; NAZMOV, V.; SIMON, M.; VOGT, H.; MOHR, J.: Taille-lenses: Innovative aperture-optimised refractive lenses for hard X-ray full field

microscopy. In: *Journal of Synchrotron Radiation* (2014). – eingereicht

[28] MENZ, W.; MOHR, J.; PAUL, O. (Hrsg.): *Mikrosystemtechnik für Ingenieure.* Wiley-VCH Verlag GmbH & Co. KGaA, Weinheim, 2005

[29] NAZMOV, V.: *Herstellung von Röntgenlinsen.* Persönliches Gespräch, 2011

[30] OGURRECK, M.: *Setup for a High Energy Synchrotron Radiation Nanotomography Experiment,* Christian-Albrechts-Universität zu Kiel, Diss., 2014

[31] PAUL, H. H. (Hrsg.): *Lexikon der Optik.* Heidelberg: Spektrum, Akad. Verl., 1999

[32] REZNIKOVA, E.; WEITKAMP, T.; NAZMOV, V.; SIMON, M.; LAST, A.; SAILE, V.: Transmission hard X-ray microscope with increased view field using planar refractive objectives and condensers made of SU-8 polymer. In: *Journal of Physics: Conference Series* 186 (2009), S. 012070

[33] SAILE, V. (Hrsg.); WALLRABE, U. (Hrsg.); OSAMU TABATA, J. G. K. (Hrsg.); KORVINK, J. G. (Hrsg.); BRAND, O. (Hrsg.); FEDDER, G. K. (Hrsg.); HIEROLD, C. (Hrsg.): *LIGA and its applications.* Weinheim: Wiley-VCH-Verl., 2009 (Advanced micro and nanosystems; 7)

[34] SCHROER, C. G.; GÜNZLER, T. F.; BENNER, B.; KUHLMANN, M.; TÜMMLER, J.; LENGELER, B.; RAU, C.; WEITKAMP, T.; SNIGIREV, A.; SNIGIREVA, I.: Hard X-ray full field microscopy and magnifying microtomography using compound refractive lenses. In: *Nuclear Instruments & Methods in Physics Research, Section A: Accelerators, Spectrometers, Detectors, and Associated Equipment* 467-468 (2001), Nr. 2, S. 966 – 969

[35] SCHROER, C. G.; LENGELER, B.: Focusing Hard X Rays to Nanometer Dimensions by Adiabatically Focusing Lenses. In: *Physical Review Letters* 94 (2005), S. 054802 1–4

[36] SCHROER, C. G.; KUHLMANN, M.; LENGELER, B.; GUNZLER, T. F.; KURAPOVA, O.; BENNER, B.; RAU, C.; SIMIONOVICI, A. S.; SNIGIREV, A. A.; SNIGIREVA, I.: *Beryllium parabolic refractive x-ray lenses*. 2002

[37] SIMON, M.: *Röntgenlinsen mit großer Apertur*, Karlsruher Institut für Technologie, Diss., 2010

[38] SIMON, M.: *Positioniergenauigkeit von Positioniertischen*. Persönliches Gespräch, 2014

[39] SNIGIREV, A.; KOHN, V.; SNIGIREVA, I.; LENGELER, B.: A compound refractive lens for focusing high-energy X-rays. In: *Nature* 384 (1996), Nr. 6604, S. 49 – 51

[40] SNIGIREV, A.; SNIGIREVA, I.: High energy X-ray micro-optics. In: *Comptes Rendus Physique* 9 (2008), Nr. 5-6, S. 507 – 516

[41] SUEHIRO, S.; MIYAJI, H.; HAYASHI, H.: Refractive lens for X-ray focus. In: *Nature* 352 (1991), Nr. 6334, S. 385 – 386

[42] THIBAULT, P.; DIEROLF, M.; MENZEL, A.; BUNK, O.; DAVID, C.; PFEIFFER, F.: High-Resolution Scanning X-ray Diffraction Microscopy. In: *Science* 321 (2008), Nr. 5887, S. 379–382

[43] TOMIE, T.: Schutzrecht JP 6045288 (18 Feb. 1994); US 5594773 (14 Jan. 1997) und US 5684852 (4 Nov. 1997)

[44] VAUGHAN, D.; THOMPSON, A.; KIRZ, J.; ATTWOOD, D.; GULLIKSON, E.; HOWELLS, M.; KIM, K.; KORTRIGHT, J.; LINDAU, I.; PIANETTA, P.; ROBINSON, A.; UNDERWOOD, J.; WILLIAMS, G.; WI-

NICK, H.: X-ray Data Booklet/ Lawrence Berkeley National Laboratory. 2001. – Forschungsbericht

[45] VDI/VDE: *Röntgenoptische Systeme - Begriffe.* Richtlinie 5575 Blatt 1, 2009

[46] VDI/VDE: *Röntgenoptische Systeme - Refraktive Röntgenoptiken - Definition der Parameter.* Richtlinie 5575 Blatt 7, 2009

[47] VOGT, H.: *Gerollte brechende Röntgenfolienlinsen*, Karlsruher Institut für Technologie, Diss., 2014

[48] WOLTER, H.: Spiegelsysteme streifenden Einfalls als abbildende Optiken für Röntgenstrahlen. In: *Annalen der Physik* 445 (1952), Nr. 1-2, S. 94 – 114

[49] YUSTE, R. (Hrsg.): *Imaging: a laboratory manual.* Cold Spring Harbor, New York: Cold Spring Harbor Laboratory Press, 2011 (Imaging series)

Schriften des Instituts für Mikrostrukturtechnik
am Karlsruher Institut für Technologie (KIT)

ISSN 1869-5183

Herausgeber: Institut für Mikrostrukturtechnik

Die Bände sind unter www.ksp.kit.edu als PDF frei verfügbar
oder als Druckausgabe zu bestellen.

Schriften des Instituts für Mikrostrukturtechnik
am Karlsruher Institut für Technologie (KIT)

ISSN 1869-5183

Schriften des Instituts für Mikrostrukturtechnik
am Karlsruher Institut für Technologie (KIT)

ISSN 1869-5183

Band 14   Marko Brammer
          Modulare Optoelektronische Mikrofluidische Backplane. 2012
          ISBN 978-3-86644-920-6

Band 15   Christiane Neumann
          Entwicklung einer Plattform zur individuellen Ansteuerung von
          Mikroventilen und Aktoren auf der Grundlage eines Phasenüber-
          ganges zum Einsatz in der Mikrofluidik. 2013
          ISBN 978-3-86644-975-6

Band 16   Julian Hartbaum
          Magnetisches Nanoaktorsystem. 2013
          ISBN 978-3-86644-981-7

Band 17   Johannes Kenntner
          Herstellung von Gitterstrukturen mit Aspektverhältnis 100 für die
          Phasenkontrastbildgebung in einem Talbot-Interferometer. 2013
          ISBN 978-3-7315-0016-2

Band 18   Kristina Kreppenhofer
          Modular Biomicrofluidics - Mikrofluidikchips im Baukastensystem
          für Anwendungen aus der Zellbiologie. 2013
          ISBN 978-3-7315-0036-0

Band 19   Ansgar Waldbaur
          Entwicklung eines maskenlosen Fotolithographiesystems zum
          Einsatz im Rapid Prototyping in der Mikrofluidik und zur gezielten
          Oberflächenfunktionalisierung. 2013
          ISBN 978-3-7315-0119-0

Band 20   Christof Megnin
          Formgedächtnis-Mikroventile für eine fluidische Plattform. 2013
          ISBN 978-3-7315-0121-3

Schriften des Instituts für Mikrostrukturtechnik
am Karlsruher Institut für Technologie (KIT)

ISSN 1869-5183